弘兼憲史
教你活用記事本

弘兼憲史／著

商周出版

Part 1 讓記事本為每天不滿足的你帶來「充實感」

Part 2 記事本的選擇方式、使用前的基本常識

Part 3 使用記事本，丟掉每日遲漏的狀況

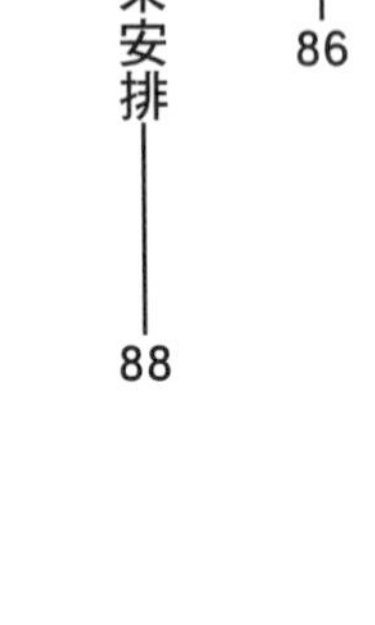

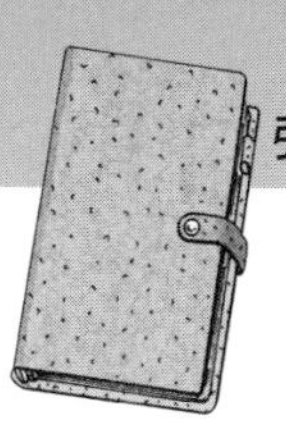

Part 4 用記事本讓工作達到最高效率

Part 5 提高溝通力及邏輯力的筆記術

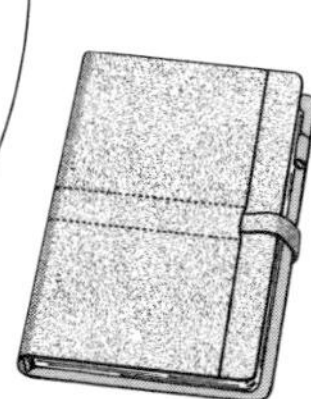

前言

在「能力主義」社會中勝出的記事本活用術

長久以來，大家總是認為從一流的大學畢業，然後進入知名企業就是通往成功的道路。屬於公司這樣的組織，常是由公司給予目標跟工作，也意味著在公司的時間管理也是由組織來安排。

由於泡沫經濟的崩壞及全球化，終身雇用制、年功序列制等制度被重新檢討，結果變成只問結果的「能力主義」，開始強調提升效率性和自主性的時間管理。為了不要成為「失敗組」，不只要完成他人或公司指派的任務，本身最主要的

基本機能

1 MEMO

從留言到掛心的事情，都可以先簡單的做筆記，亦可當做重要事項的備忘錄等；有時也可能從沒有什麼特別意義的筆記中，閃出創意。

2 行程的管理

約訪客戶、自己的行程都可利用記事本進行管理，還可以安排工作及行動，像是預定什麼時候結束、行程確認、變更或中止等。此外，對於未來目標的設定及達成也有很大的幫助！

記事本的 7 大

工作也一定要完成，這時候記事本就是強力又有效的武器。

雖然有助於工作效率化和目標達成率的記事本使用方式有無數種，但大致上從以下七種基本功能開始。請參考本書所提供的方法，找到適合自己的使用方式。

3 職務管理

無論什麼狀況都能掌握自己的工作，一邊思考行程和目標，一邊按照緩急列出順序，這樣一來就可以全覽工作的樣貌，並決定現在應該做什麼。

4 NOTE

可以作為例會的會議記錄和研討會議記錄等，有助於日後重新查閱資料（此種運用情況，請選擇記錄量多並且可更換內頁的活頁式記事本。）

5 保存資訊

可以用來記錄電話號碼及地址，雖然手機的普及使得電話簿的重要性大大降低，但還是可以作為緊急時刻的備用，寫下少數必要的聯絡人的資料。

6 資料

路線圖、地圖和萬年曆等資料頁。對於確認要前往的地點是相當方便的，這邊也建議各位在記事本裡增添工作指南及自己的創作等。

7 收納

可以用來歸納郵票、收據或留言便條紙等。名片和紙片等物品也可以收納於記事本的收納袋或夾鏈袋裡。

抱歉！這個時間已經有其他預定行程了。

問起「記事本的用途」，大多數的人會回答「行程管理和備忘錄」，但其實還有其他用途。例如記事本也很適合作為完成目標用。有目標要完成的人，就請看PART1吧！

●詢問過周圍的人

行事曆有哪些欄位形式？

大多數的人所使用的行事曆以「一週一跨頁的形式」。

「關於記錄，很多人都只有用到單週的行事曆，年度和單月的行事曆多是空白的。」

年度、單月行事曆功能多是空白的人，請看第24頁。

如果你「想處理的事情很多，但是沒有時間」，請看第32頁。

Part 1
讓記事本為每天不滿足的你帶來「充實感」

01 用記事本支持你的人生，做自己想做的事

不知不覺跳脫不完美的生活

寫出應該做的事情

在記事本上的某一天標上會議、預定的拜訪、準備好資料、期限等該處理的事項和時間，做為行程管理的內容。

↑瀏覽資料

記事本的使用方式，不只是記入每日的行程和約會，當然這也是正確的方法。只是如果能夠有意義的活用記事本，還可能提高自我的潛能，所以記事本是實現人生目標及夢想的工具，請好好活用吧！

可以試著在記事本上寫下任何想達成的目標，例如目標是取得資格的話，就寫下「〇年內取得」、「業績達到NO.1」等；也可以寫下私人的夢想，如「購屋」、「到高級渡假中心渡假」等，任何想完成的事情都可以記錄在記事本上。

寫出想做的事

在記事本上寫下自己真正想做的事，像是提高收入、取得資格、留學等等，即使被人看見會被嘲笑也沒關係。請將這些事寫在記事本的首頁，也就是眼睛容易看到的頁面。

↑自己出來創業

清楚地描繪理想的人生

每天總被工作追著跑，因而迷失了自我，也忘記真正想做的事情跟目標，日子就這樣過去了。請在記事本上寫下具體的目標及展望，例如「自己要怎樣的生活」，並經常檢視及調整未完成的憧憬和夢想，透過每次翻開記事本，重新確認未來的展望和夢想。

經常有意識地確認記事本中所寫的目標，將可成為達成夢想的動機。

02

不要將公事和私事分開

一天二十四小時，人生屬於自己

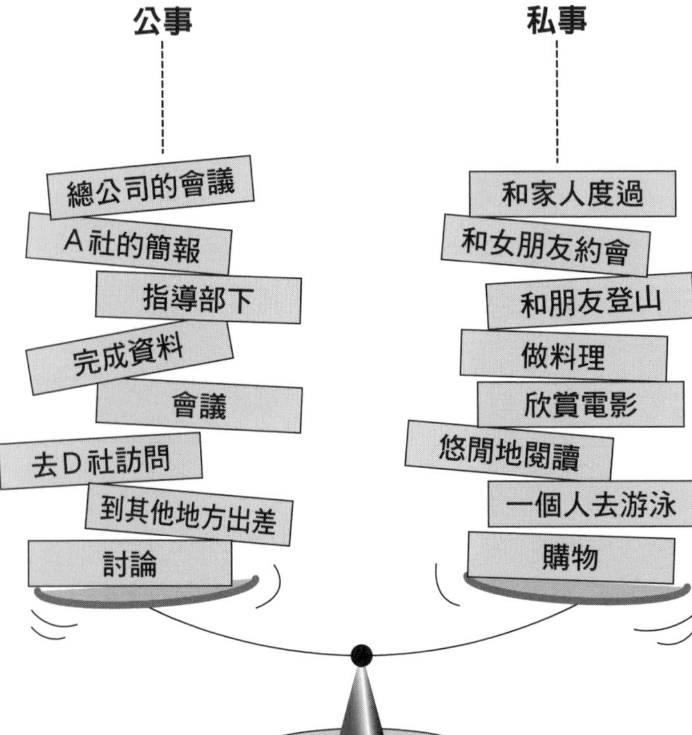

工作忙碌以致於沒有私人的時間，如果能有一個分身那該有多好。然而實際上不可能有另一個自己，很多人苦命地犧牲掉自己的私人時間，但多半都不是自願的。

公事和私事都充實的願望並不是一種奢侈的想法，這又是使用記事本能夠解決的問題之一。

工作的同時還可以兼顧家庭、陪小孩玩，這樣就不用區別公事和私事，全都記錄到記事本的行程裡即可。

有時候可以做一石二鳥的計劃

↓下次被分派去商品陳列室，帶著小孩一起去見習參觀

身為社員　到現場勘查

身為父親　和小孩一起度過

不分公私，人生才能一體化，利用記事本平衡公事與私事，充實地過著每一天。

除了「○○○課長」的身分，人還有很多角色

工作上雖然是課長、部長等身分，但對於家庭來說就成了一位丈夫、孩子的父親，對母親來說，是兒子的身分，同時還扮演同儕間的領導者。

但我們常常會疏忽掉這些理所當然的事。忘了這些，我們將會過著失去平衡的人生。

03

把目標轉變成計劃

影像訓練是成功的捷徑

習慣書寫與觀看

無論何時何地都可以使用

記事本的好處就是隨身攜帶，無論何時何地都可以使用，想到什麼目標就記錄下來，不管什麼時候都可以看。

書寫

寫下目標可以確切的認識自己。記錄讓目標變得更具體，還可集結內容來研究。

觀看並再次確認

每次翻開記事本，就可以看見寫出來的項目；能夠督促自己，當目標被遺忘或是遇到挫折時，可以作為奮發的材料。

在記事本裡寫上每天的行程是可以理解的，但是為什麼特地在記事本裡寫下目標也很重要呢？把目標藏在心裡不行嗎？這麼想的人應該很多吧！

首先，雖然擁有目標卻缺乏達成的動力，因此必須利用固定的影像，湧出努力的力量。

利用在記事本裡寫下什麼（what）、哪裡（where）、如何達成（how）等，釐清自己含糊不清的思緒，目標就能變成具體的計劃。

此外，在通勤途中、休息中的咖啡店等場合，都可以打開

讓目標持續下去的方法

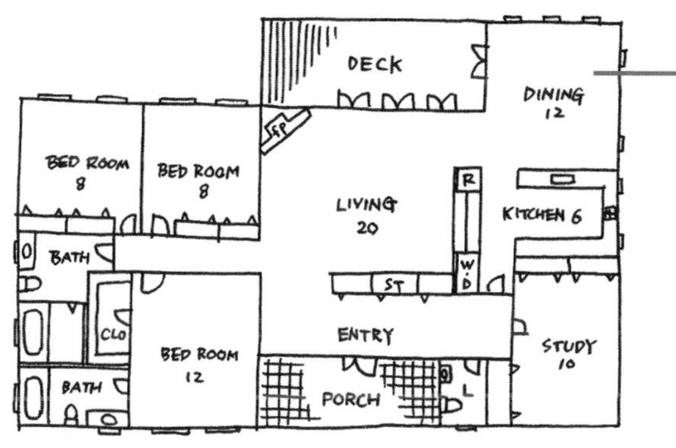

圖解目標

如果希望擁有房子或別墅等，想蓋在哪裡呢？大約多大呢？讓想法具體呈現，描繪出房子的平面設計圖和畫面，也可以用圖解的方式。有了帶著期待的快樂，就可以維持達成目標的動機。

貼上剪報和照片

在記事本裡貼上希望達成的目標，例如人物或想要的東西等的照片和剪報，將想像的目標視覺化，就能做具體的影像訓練。

記事本，再次確認目標，時時意識目標的存在。

因此，利用像是圖解和對話等形式，將目標的照片剪貼起來，達成的過程也可以用影像簡單記錄。

每天打開記事本，目標和計劃就顯現在眼前，可以促使自己想像實現夢想的樣子，這是成功過程中很重要的步驟。

影像訓練的重要性，從一流的運動選手身上已經得到了證實。

04

在記事本裡寫下23年的計劃

3年、5年、10年……

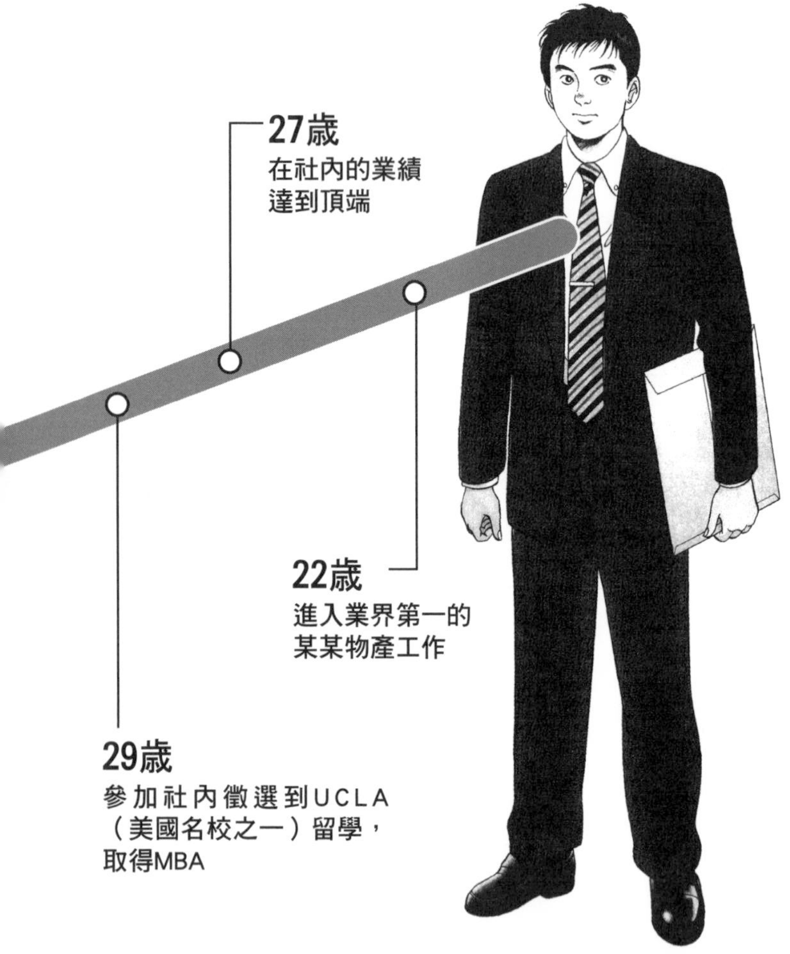

27歲
在社內的業績
達到頂端

22歲
進入業界第一的
某某物產工作

29歲
參加社內徵選到UCLA
（美國名校之一）留學，
取得MBA

在記事本裡寫下自己想要做到的目標跟計劃後，可以再一次檢討並試著修正，以設定目標的期限。而自己到何時、幾歲之前能夠實現目標？這就要先好好地認識自己。

例如，設定二十七歲時業績達到頂端，三十五歲獨立創業等明確的期限；另外，購屋等其他私人的事情也是用同樣的方法。

為了不要讓夢想和目標就這樣無疾而終，重點就在於設定希望在什麼時候達成的期限。

計劃失敗一點也不恐怖

有些人計劃一失敗就陷入自我厭惡，不再寫上目標，但是，計劃通常都不會太順利，所以也不要太悲傷。
反而要確認現狀和目標的誤差來調整計劃，抱持著享受般的心情，從容地修正計劃，以達成目標為標竿。

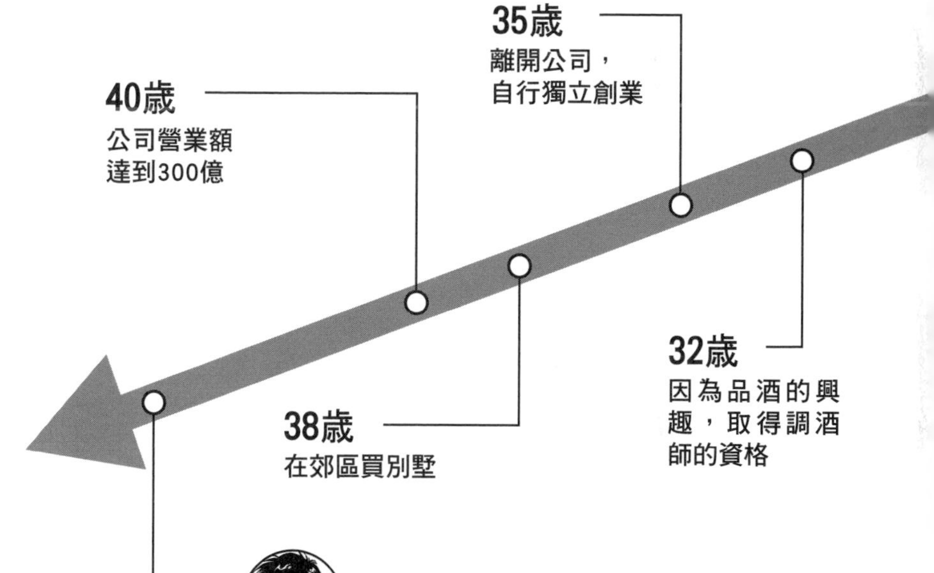

32歲
因為品酒的興趣，取得調酒師的資格

35歲
離開公司，自行獨立創業

38歲
在郊區買別墅

40歲
公司營業額達到300億

45歲
成為上市公司

COLUMN

重新檢視當下的自己

目標決定了，回頭檢視現在的自己是必要的，為了要達成目標，認清現在的自己，然後看準目標。

維持現狀好嗎？有什麼美中不足的地方呢？冷靜地判斷夢想和現實之間的距離，這樣一來就可以看清自己未來應該做什麼了。

05 分析目標跟計劃

明確理解該從何處下手

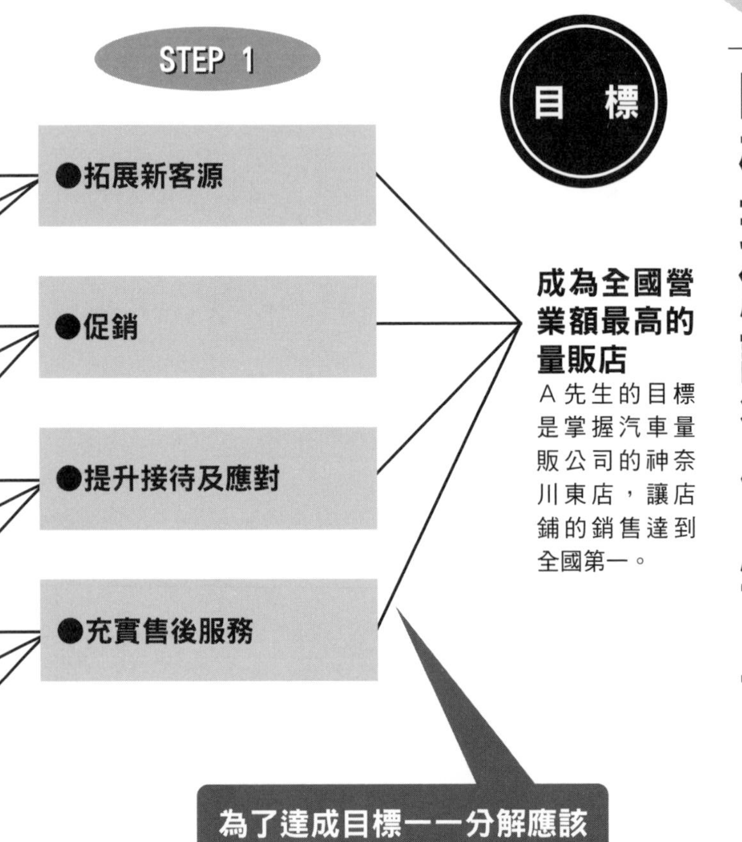

達成目標並非一步登天，而是設立一個較大的目標，然後進行分解作業，設定出次要處理的事項。

例如，達成這個目標必須具備某種資格，那麼為了取得資格一定得要念書；如果去商學院念書需要多少費用和時間呢？為了達成某種情況應該做什麼事情，以樹狀圖展開，一邊分解一邊分析。

根據分解的目標，就可以具體看見自己從現在起應該做什麼事。

STEP 3

STEP 2

●檢查內外裝潢，
重新改裝

●進行營業員的
禮貌教育

●重新制定營業日
和營業時間

●改造成
舒適的展示中心

●重新評估展示車

●充實試乘服務

試著回想升學考試

目標的分解作業與面對升學測驗一樣，如同從希望上榜大學的合格標準，驗算出自己一定要取得多少分。

例如國文有分白話文和文言文等，各需要得到多少分呢？如果是英文，從文法、作文、單字、聽力中去分解計算應該得到多少分才剛好。如此就能看見具體的目標，了解自己擅長與不擅長的項目；考試期間好不容易學到的KNOW-HOW，沒有不用的道理。

06 從終點開始反向推算

從年度行程開始記錄目標及預定事項

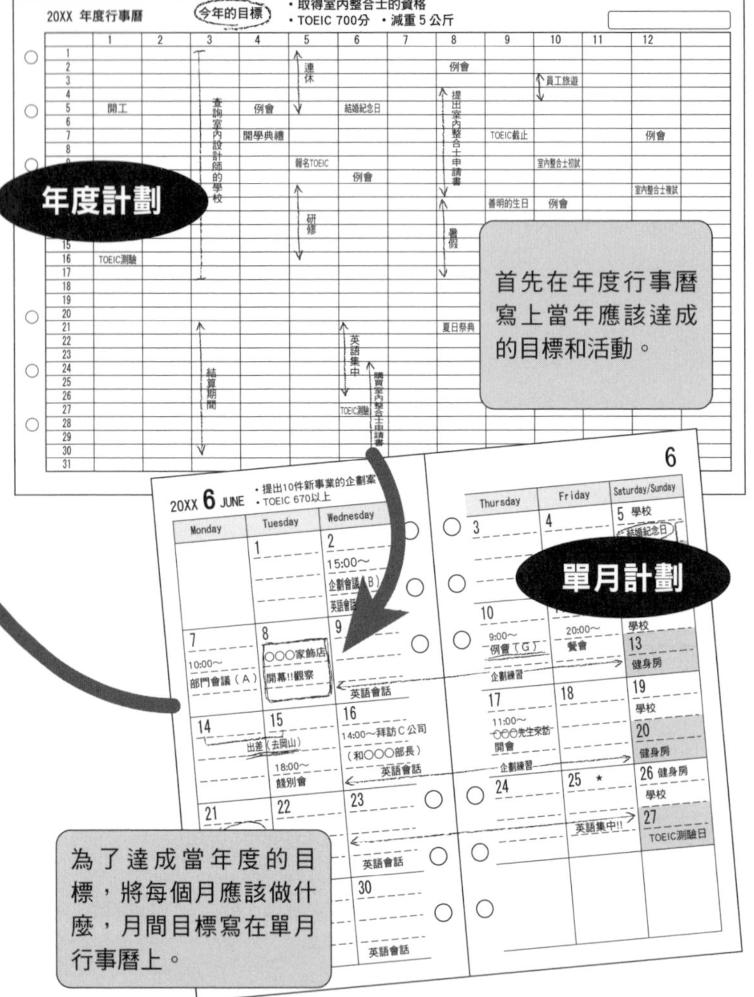

如果要寫出為了達成設定的目標跟期限的步驟，最終一定要寫進記事本上的行事曆表格，因為綿密的安排就是達成目標的關鍵。

為了達成目標，你能夠掌握今天應該處理的事情嗎？

如果你不知道今天應該做什麼，就得不到十年、二十年後的成功。

值得推薦的方法是從達成目標的終點反向推算行程。

在前面第二十頁提到將目標詳細分解的方法，但是詳細分解過的目標要在何時可以達成

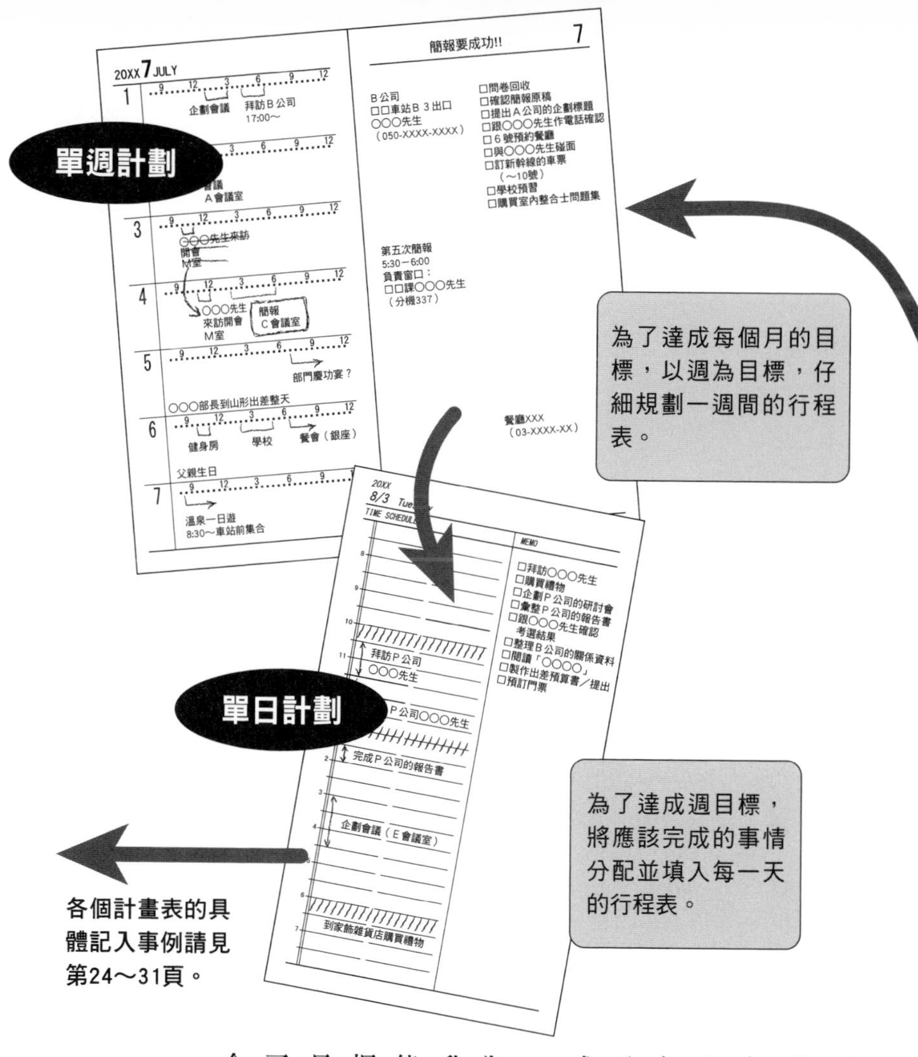

呢？一邊反向推算，一邊一一設定目標，即使十年後、二十年後的目標很難掌握，但是如果將設立的目標以五年後、三年後、或是一年後完成作為劃分，自然就能看出今年應該完成的目標。

例如，以兩年內取得資格為目標，像是從今年開始準備升學考試那樣的近期目標就很能清楚地設定。接著，如果掌握到今年的目標，接下來就是月目標，然後就是設定週目標了。這樣一來，便能確實掌握今天應該做的事項。

07 養成訂立長程計劃的習慣

列舉年度目標

不要含糊不清，把要在一年內達成的目標，無論公事或私事，分別一一具體地寫下。

範例

公事	業績是去年的1.5倍
儲蓄	開始替孩子儲蓄教育基金
讀書	取得理財規劃師的資格
興趣	學習茶道
家庭	每天和家人一起吃早餐
健康	減重10公斤
交際	各找五位有相同興趣和學習的夥伴

試著翻開去年的記事本，雖然日行程表上標記著每日要做的事情，但是年度的行程表卻很少寫上什麼，雖然不是完全空白，但比起每日的行程表，空白的部分還是比較多，這就是只有用到每日小小的行程表來管理的證據。

思考年度計劃的習慣，是達成目標不可欠缺的技巧。請養成將目標從大到小一項一項寫進年度行事曆的習慣。

年度行程表及標記的例子

一年的目標

在工作、興趣、家庭上的目標，以及想要自我學習事項等，在顯眼處清楚地寫上。年度行程表之外顯眼的頁面，也可以寫在記事本第一頁等顯眼的頁面。

主要的活動

除了自己的目標，公司重要的企劃和家庭活動等都可以寫上。

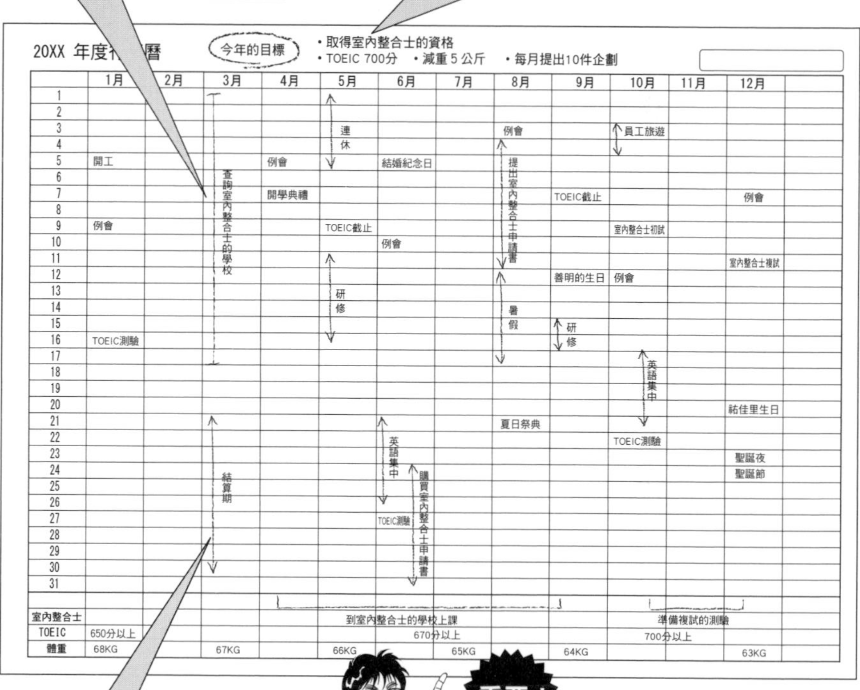

20XX 年度行事曆

今年的目標
- 取得室內整合士的資格
- TOEIC 700分 • 減重 5 公斤 • 每月提出10件企劃

	1月	2月	3月	4月	5月	6月	7月	8月	9月	10月	11月	12月	
1			查詢室內整合士的學校		連休								
2													
3								例會		員工旅遊			
4								提出室內整合士申請書					
5	開工			例會		結婚紀念日							
6													
7				開學典禮					TOEIC截止			例會	
8													
9	例會				TOEIC截止					室內整合士初試			
10						例會							
11					研修							室內整合士複試	
12								暑假	善明的生日	例會			
13													
14													
15									研修				
16	TOEIC測驗												
17										英語集中			
18													
19													
20												祐佳里生日	
21			結算期			英語集中		夏日祭典					
22										TOEIC測驗			
23												聖誕夜	
24						購買室內整合士申請書						聖誕節	
25													
26													
27						TOEIC測驗							
28													
29													
30													
31													
室內整合士						到室內整合士的學校上課					準備複試的測驗		
TOEIC	650分以上						670分以上			700分以上			
體重	68KG		67KG		66KG		65KG		64KG			63KG	

工作的日程

為了清楚知道截止日、開始研習的日期、年度工作的日程等狀況，應事先粗略標上。

必須把握全體樣貌

除了目標，工作日程、重要的企劃、私人活動等如果先寫入，可以概算為了達成年度目標需要花費多少時間和費用，依狀況微調年度目標、甚至變更也是有必要的。最重要的是這可以以長期視野清楚的把握整體樣貌。

利用畫面的標示方式

單月的行程表和標記的例子①

20XX 6 JUNE
・提出10件企劃案
・TOEIC 670以上

日	公事	私事
1 二 仏滅		
2 三 大安	15:00～ 企劃會議（B）	英語會話
3 四 赤口		
4 五 先勝	13:00～ 研討會（M團隊）	
5 六 友引		學校 結婚紀念日（兩天一夜之旅（伊豆））
6 日 先負		
7 一 仏滅	10:00～ 部門會議（A）	
8 二 大安		○○○家飾店開幕!! 觀察
9 三 赤口	練習5件企劃	英語會話
10 四 先勝	9:00～ 例會（G）	
11 五 友引		
12 六 大安		20:00～ 餐會
13 日 赤口		學校
14 一 先勝	出差（到岡山）	健身房
15 二 友引	18:00～餞別會	
16 三 先負	14:00～ 訪問C公司（和○○○部長）	英語會話

日	公事	私事
17	11	
18		
19 三 赤口		學校
20 四 先勝		健身房
21 五 友引	9:00～ 企劃會	英語會話 購買室內整合士申請書
22 六		英
23 日		
24	企劃練習	購買 整合士
25 二 赤口		
26 三 先勝		
27 四 友引		
28 五 先負		
29 六 仏滅		
30 日 大安		

原來如此

一個月的目標
回頭檢視年度目標，將那個月要做什麼全部寫入，對照行程表的版型，在空白處醒目的標示即可。

建議你進行空間分割
如果將行程表的空間劃分為上午和下午、公事和私事等位置，就能清楚了解預定的事項有沒有失衡，並且一目了然。

單月行程表是基於年度的目標、計劃來思考的。將一年的目標分成十二等分，因為有的月份假日較多，所以有的月份工作較密集。一邊思考已經知道的既定事項，一邊訂立這個月的目標。

單月行程表的空間不大，要簡潔表達、不要亂七八糟的標記，預訂紀錄必要程度，並以顏色區分等，需要在易於辨識上頭多下工夫。單週和單日的行程表相互配合使用也是一種例子。

單月的行程表和標記的例子②

標記簡潔
為了控制記錄的量，逐項簡潔的寫入。

使用符號和色筆
將重大的預定事項醒目地以螢光筆框起來，或是將公事和私事以顏色區分，都是讓行事曆更容易看清楚的技巧。

20XX 6 JUNE　提出10件新事業的企劃案　TOEIC 670以上

Monday	Tuesday	Wednesday	Thursday	Friday	Saturday / Sunday
	1	2 15:00～ 企劃會議（B） 英語會話	3	4 13:00～ 研討會（M團隊）	5 學校 結婚紀念日 6 兩天一夜之旅（伊豆）
7 10:00～ 部門會議（A）	8 〇〇〇家飾店開幕!!觀察	9 英語會話	10 9:00～ 例會（G） 企劃練習	11 20:00～ 餐會	12 學校 13 健身房
14 出差（去岡山）	15 18:00～ 餞別會	16 14:00～ 拜訪C公司（和〇〇〇部長） 英語會話	17 11:00～ 〇〇〇先生來訪 開會 企劃練習	18	19 學校 20 健身房
21 9:00～ 企劃會議	22	23	24 英語集中!!	25 ★	26 健身房 學校 27

使用記號和工具
有效利用行事曆的空間，使用自創的記號，這樣一來就算被他人看到也不會知道這是什麼意思。

重要！

橫跨日程
長期出差和過夜的旅行等，以線橫跨預定的日程。

以數字將目標數值化
不是「增加拜訪的客戶」，而是「上個月拜訪的公司＋10家」等，將目標變成具體的數字，就能清楚知道距離目標還有多遠，也才有衝勁。有了達成的充實感，對於設立下一個目標也很有用。

09 寫法和技巧／單週行事曆

決定何時、何事的處理順序

單週行程表和標記的例子

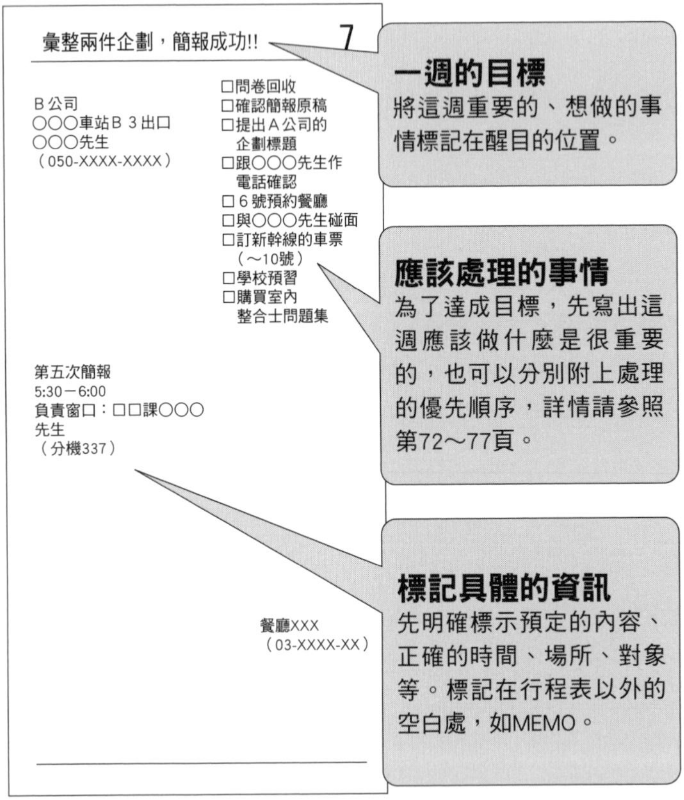

彙整兩件企劃，簡報成功!! 7

B公司
○○○車站B 3出口
○○○先生
（050-XXXX-XXXX）

□問卷回收
□確認簡報原稿
□提出A公司的企劃標題
□跟○○○先生作電話確認
□6號預約餐廳
□與○○○先生碰面
□訂新幹線的車票（～10號）
□學校預習
□購買室內整合士問題集

第五次簡報
5:30－6:00
負責窗口：□□課○○○先生
（分機337）

餐廳XXX
（03-XXXX-XX）

一週的目標
將這週重要的、想做的事情標記在醒目的位置。

應該處理的事情
為了達成目標，先寫出這週應該做什麼是很重要的，也可以分別附上處理的優先順序，詳情請參照第72～77頁。

標記具體的資訊
先明確標示預定的內容、正確的時間、場所、對象等。標記在行程表以外的空白處，如MEMO。

檢視單月行程表，在單週行程表內寫入一週的目標、安排事項、應該處理的事情等，決定處理順序、時間、該做什麼。

約定的行程雖然還不確定，可能需要調整，但也沒關係，先寫下來才是最重要的。如果無法達成目標，在檢視全體的狀況之後，待下一週再做修正即可。

市售的週行事曆種類繁多，可以挑選適合自己生活風格的樣式（請參照第46～47頁）。

預定行程盡量保持彈性
詳情請參照第84～85頁。

變更的計劃也不要塗掉

變更約定的時間、日期和場所的時候，只要用筆劃掉原先預定的事項，然後再寫上新的預定事項。預定的事項改回原來的時間，或是改到另一個時間，以經緯線變更就能清楚知道。

重大預定事項標示醒目

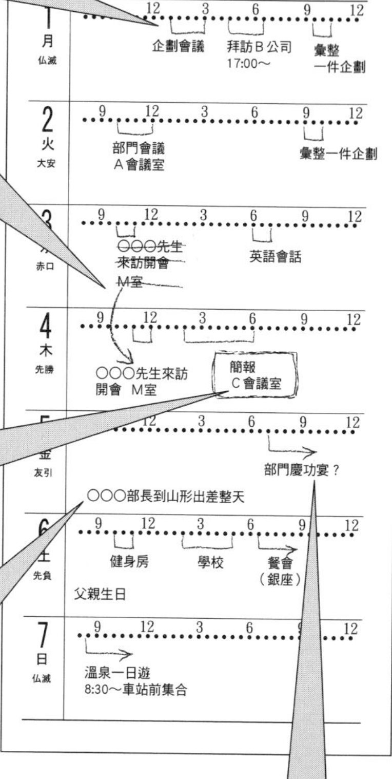

也可以寫下不是自己的預定事項

公司同事的休假確認和預定的會議等，各種事項都適合。
詳情請參照第150～153頁。

未確定的預定事項也先寫上

以鉛筆等先寫上未確定的行程，容易確立其他行程。

以自己的方式標記也ＯＫ！

若還沒決定記事本的標記方式，以自己知道的方式標記也是ＯＫ的。如果沒有習慣的標記方式，建議可以以本書作為參考範例，如果自己敬佩的對象有不錯的記事本使用法，也可以仿效他們的方法。

偷偷效法大師們的工作方式，如果發現不錯的記事本使用技術，就光明正大地學起來吧！

10 明確劃分時間，確認並記錄行動

單日行程表和標記例子

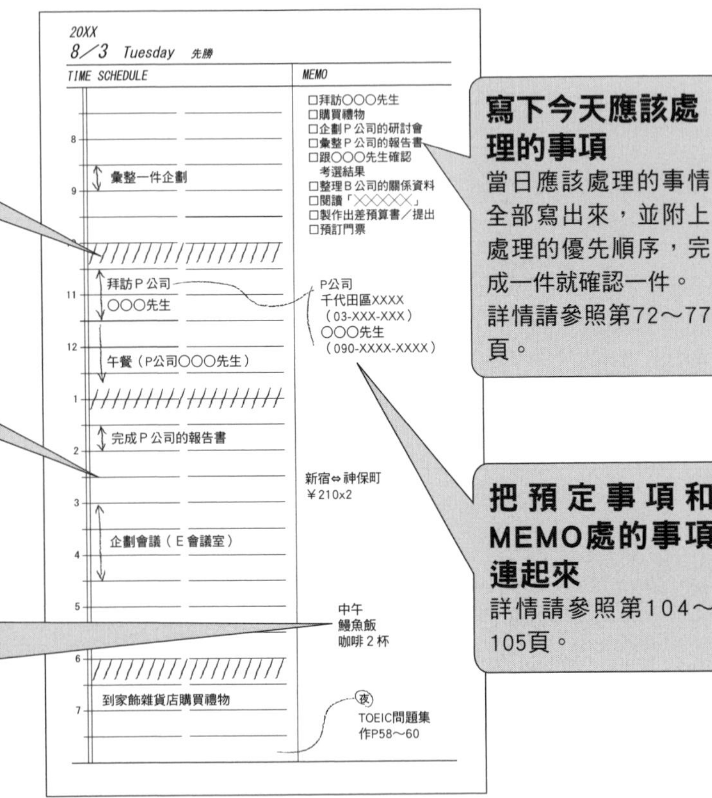

檢視單週計劃，對照當日預定的事項，以時間為單位標記，寫出應該處理的事情；而在移動時間和預定行程之間，最好保留預備的時間。

此外，可以寫出應該處理的事項、確認有沒有未完成的事項，或比預定的時間延遲的事項，如果有延遲的事項便得變更預定的行程。另外，即使是用來記錄一整天的行程也很方便；也可以當作自己的行動記錄。空白部分除了標記預定約會的聯繫方式，還可以作為日記使用，抒發感想。

使用記號容易辨識

標記空間有限的記事本，可以活用記號和符號，標記的技巧就是要易於了解及辨識，如此一來既簡單又快速。除了一般使用的符號，也可以使用只有自己知道的原創符號。但是請注意不要在日後重新檢視的時候，發生「弄不清這個記號的意思」等狀態。

主要記號和縮寫的例子

F FAX
T 電話
M MAIL
＋ 加
－ 減

會 會議
商 商量
訪 拜訪

★ 重要的事情
? 未確定的預定事項
※ 注意事項

確保移動的時間
事先計算到達目的地的時間，不要忘了考慮轉車和等待的時間。

不要寫滿預定的事項
詳情請參照第84～85頁。

當作記錄本使用
身體狀況、交通費、飲食和去過的店家等，可以作為日記或健康記錄本來活用。
詳情請參照第122～129頁。

寫記事本終究是一種手段

目的不是為了使用記事本，而是為了讓工作更順利、讓人生更為充實才使用記事本，所以不需要小心翼翼地書寫，也不需要去豐富它，更不要增加多餘的頁面。雖然可以理解有些人對記事本寫法的堅持，但是這樣反而變得麻煩且本末倒置，所以務必設定底限和規則，方便簡單使用。

11 和自己安排約會

消除「想要做這個、那個，但是沒有時間」的藉口

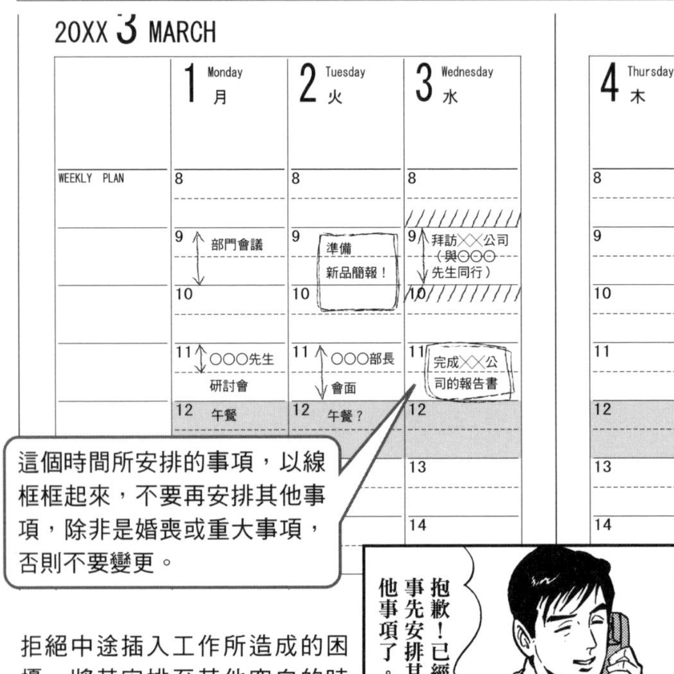

拒絕中途插入工作所造成的困擾，將其安排至其他空白的時間，如果都以工作為優先，那麼同樣的狀況就會反覆發生，所以不要變更已經決定要做的事情。

想要終止「下次休假的話要去○○」或是「因為這件案子，無法進行下一項作業」等藉口，如果對將來有夢想和目標，更是會這樣想。

一年有三百六十五天，一天只有二十四小時，結案後再進行下一個工作，或是什麼時候再來處理，如此一來不管到什麼時候都不會有時間。自己的時間還是要自己掌握。

這邊要實踐的部分是「和自己安排約會」，先在記事本內一一寫下自己想做的事情，然後事先安排在行事曆中。由

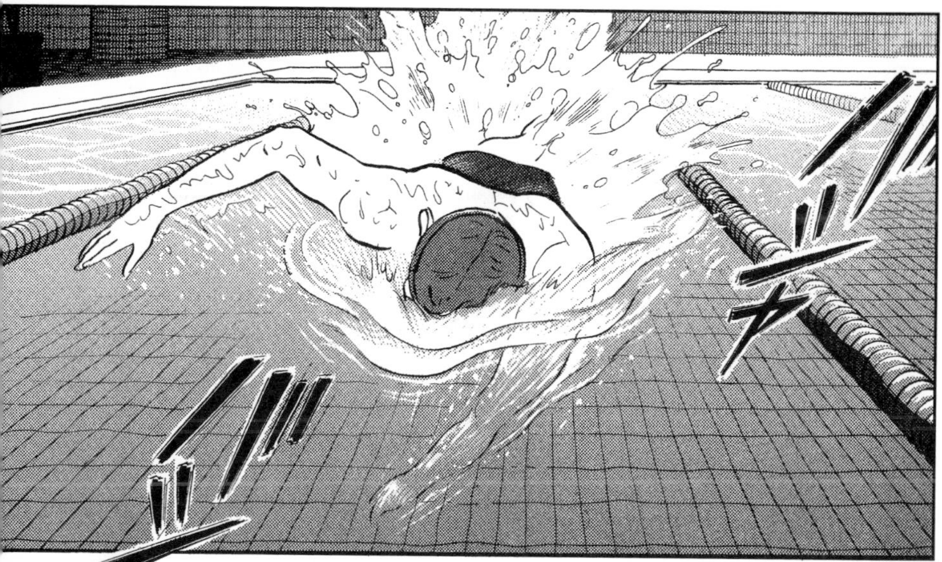

例如：游泳

為了繼續積極的工作，擁有健康的身體也是必要條件。以健康為第一考量，決定每週三去游泳也是重要的項目。

例如：聽音樂和閱讀

為了不要變成不知世間事的「辦公室人類」，教養的學習、陶冶心靈的時間是很重要的，所以不要把興趣往後擺。

於事先寫進行事曆中讓行程滿檔，所以要拒絕的時候也能理直氣壯的說「那一天已經有預定的事項了。」這個方法不只是用來安排工作，也可以用在自我充實的私人事務上，請不要再以工作和沒時間當作無法進行的理由。

活頁型記事本（請參照第39頁）

裝訂型記事本（請參照第39頁）

「使用中的記事本類型是什麼？」這類的問題，「活頁型記事本」和「裝訂型記事本」大概各占答案的一半。
請前往第39頁，確認記事本的各種優缺點後，選擇適合自己的記事本。

●詢問周圍的人

「一天確認幾次記事本？」

結果回答從「一次」到「總是放著不管」的人都有，但是大致上確認記事本的時間點多以「早上」和「下班前」最多。

記事本的確認次數和工作的完程度成正比，請參照第56頁的記事本確認重點。

這次的競爭對手是中澤先生。
和島耕作先生。

Part 2

記事本的選擇方式、使用前的基本常識

12 就算忘記也不會不安

寫在記事本裡可以統整眼前的事務

將資訊從腦中移往記事本

將希望不要忘記的事項寫在記事本中，就不會占用腦中的記憶體，可以繼續思考其他事情。記事本可以說是頭腦的外部硬碟，如此便能減低頭腦的負擔，提升集中力。

一定要處理的事情太多時，要有效率整理的話，就必須具備集中力。

像是非常在意的企劃書、下次工作的調配、寫報告書等，腦中滿是懸在一半的代辦事項，結果是什麼也無法靜下心來整理。當然也不是說就得專注在一件事上，忘記其他的事項也沒關係；而是指不用為了害怕短暫的遺忘而感到不安，並且還能集中心神於眼前的事務上。將要處理的事項寫入行事曆中，完成的事項便一一劃掉，用於確認所有的行程也非常方便。

比起一邊擔心可能會忘記事情，一邊安排事項，寫進記事本便能減輕心中無謂的負擔，這樣就能有充分的心神去思考，提升工作的質量跟效率。

寫在記事本所造成的改變

寫在記事本上		記在頭腦裡
今後的預定行程或是代辦事項，就不需要沒來由的塞進腦子裡	←	應該處理的事項或約會等，一定得全部記在腦中
↓		↓
「即使忘了，查看記事本的記錄便能想起」的安心感油然而生	←	腦中跟心中不斷浮現「不可以忘記！」因而無法得到休息
↓		↓
可以專心於眼前的事項	←	各種思緒不斷湧出，以致於神經緊繃無法集中於一件事情上面

「記事本上的空白」或許是一種幸福喔！

養成使用記事本的習慣，對於沒有預定行程的日子，或許會感到「自己無所適從」的不安感，但千萬不要因此排入一些不必要的工作，或是不喜歡的邀約。行動管理可不是為了這個才做的，所以當記事本上有空白日，要因為有閒暇的時間而感到慶幸喔！

13 選擇符合自己的記事本

以機能、外觀、使用方便做為判斷基準

就以現在使用的記事本為基準來考量，檢視其好處和壞處，進一步判斷，是在既有的記事本中加以改善，或是找一本新的。

希望換一本新的記事本

→ **從STEP 1（P39）開始閱讀**

雖然喜歡活頁式記事本，但要寫入預定事項卻不怎麼方便

→ **從STEP 2（P44）開始閱讀**

現在的記事本使用起來還算可以，但是不知不覺已不敷使用了

→ **從STEP 3（P48）開始閱讀**

喜歡電子工具

→ **從STEP 4（P50）開始閱讀**

選擇記事本，必須先了解自己，因為記事本可以做為你的祕書，甚至是人生夥伴。

記事本的選擇，因為年齡和職業或是生活型態，而有所改變，如果不了解現在的自己，就不知道該以什麼為基準來選擇了。

要從種類繁多的記事本中，尋找出自己理想中的記事本，必須從硬體（外觀）和軟體（行事曆的版型）兩方面來選擇。

決定記事本的硬體（外觀）

TYPE

既成品？量身訂作？

記事本大致分為裝訂好的記事本，和可依據自己喜好放入內頁的活頁式記事本（可抽換）。可將前者當做「既成品」、後者則為「量身訂作」兩要素來看，各有如下的優缺點。

此外，什麼樣價位的記事本都有，但有很多長年使用的活頁式記事本價位都比較高。

裝訂好的記事本

簡單俐落

從名片大小到Ａ4都有，且已經將事先印製的月曆跟行事曆裝訂好了，使用起來非常簡單，也比活頁式記事本輕便，但內容非客製化，能夠記入的情報量有限。

活頁式記事本

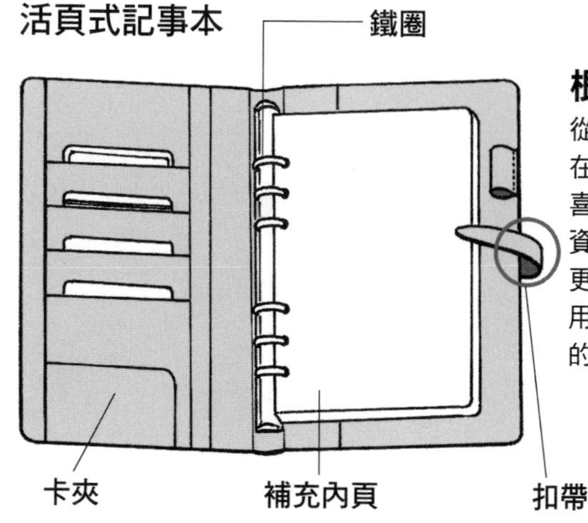

根據自己的喜好調整

從一般名片大小到Ａ5尺寸都有，在附有卡夾的活頁夾中，將自己喜好的行事曆表格、MEMO頁和資料等（補充內頁）綜合使用。更替的內頁不管哪一年都可以使用，但因為有鐵圈，比起裝訂好的記事本略重，攜帶不便。

記事本的使用地點

記事本的大小，取決平常使用的地點，例如西裝和Y領衫的口袋大小，又或是放入公事包中帶著走，還是就放在辦公桌上使用，記事本的大小都會因此而不同。根據使用地點來選擇較不會失敗：攜帶派的，就會以口袋和公事包的大小作為基準來考量；辦公桌派的，就會考量到是否妨害到抽屜和桌面的擺設。

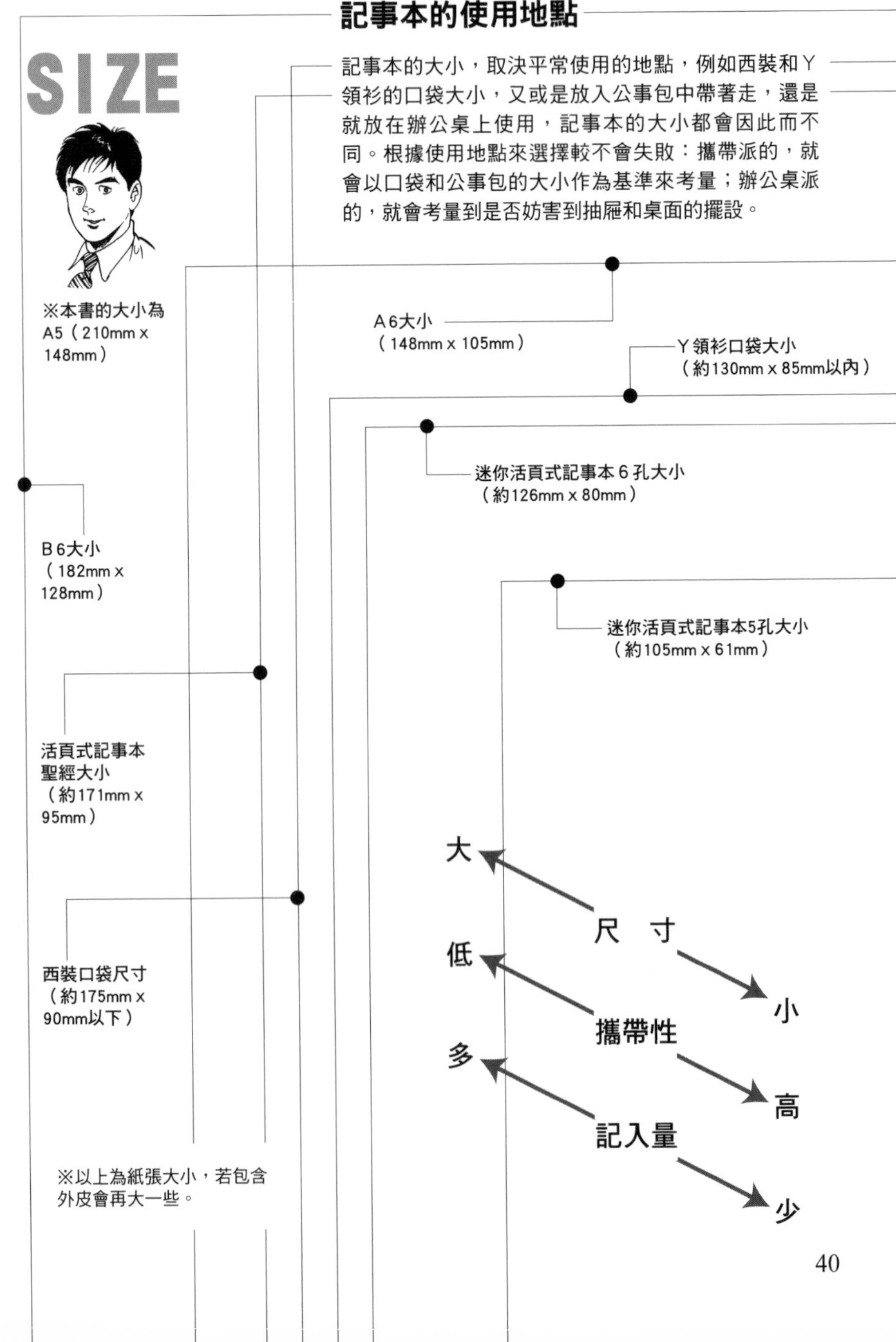

※以上為紙張大小，若包含外皮會再大一些。

外觀？性能？要重視哪一個？

記事本在商業場合使用得最多，可說是自己的另一張臉，所以對於素材的選擇也是很重要的，特別是會用上數年的活頁式記事本，對於材質的選擇最好是耐久性佳，使用越久越能顯現自我風格，最好還能根據環境選擇防水性佳的材質。

素材	特徵
皮革	**多為高價品，具身分感。耐久性佳，越用越順手，且會顯現出皮革的沉穩感。**
─ 牛	牛皮中最高級的就是「CALF SKIN」，刮痕少且輕薄。接著還分為「KIP SKIN」、「COW HIDE」、「STEER HIDE」、「BULL HIDE」等等級，以保守考量的話，以「STEER HIDE」最為搶手。
─ 水牛	「BUFFALO」與牛皮比起來略粗，但不容易變形，非常耐用。
─ 馬	一般馬的皮革既柔軟又薄，表面的光澤也很美，尤其是馬匹臀部的皮革「哥多華皮革」（CORDOVAN）更是極為細緻的高級品。
─ 豬	即一般常見的「麂皮」，其特徵為表面有毛細孔，質地輕且耐磨。
─ 鴕鳥	鴕鳥／這種皮革特徵為表面有凸出的小圓粒，用久了會帶出光澤。
合成皮革	**外觀和風格比起真的皮革差，但是價格便宜、入手簡單，而且很耐用，儘管不細心保養也沒關係。**
布	**以女性為對象，樣式多采多姿且質料輕，但使用後容易變形，耐久性差。**
合成樹脂	**價格便宜、耐久性佳，防水功能佳，但容易髒，適合長時間在戶外的人。**

顏色 COLOR

時、地、事？喜好？

記事本的外觀顏色，可根據自己的喜好挑選，但是在商業場合，多少需要考慮到他人的目光，給人信賴感和老實的印象，以黑色、棕色和深藍色為佳，但是根據行業的不同，還要突顯自己的個性，所以要挑選符合個性的顏色。

黑色

深藍

棕色

青綠色

綠色

橘色

黃色

紅色

元氣、活潑

橘色和黃色讓人有好動的印象，選擇淡一點的顏色，能夠呈現柔和感。

冷靜、安穩

青綠色給人帶有冷靜和知性的感覺，而綠色給人的印象為安穩和圓滑；顏色越深給人的印象越洗練。

誠實・穩重

單調的顏色、棕色、深藍色在對應商業場合時，會讓人產生信賴感和沉穩的成熟氣息。

熱情、動力

紅色給予能量及熱情的印象，甘迺迪在美國總統選舉的演說中，以紅色領帶登場的這個插曲就很有名。

※亮度、深淺都是重點，即使是同樣的顏色，也會因為鮮豔和深淺的不同，給人完全不同的印象。

以華麗的色彩在商業場合取勝的技巧

穿著叮叮咚咚，帶著寶石，穿上一雙表皮光亮的鞋子，再從包包拿出一本橘色的記事本，對方很有可能認為這是個「輕薄的傢伙」；但如果是穿著非常整潔的西裝，然後從黑色公事包中取出淡粉紅色的記事本，便會讓人留有強烈的印象。所以正在使用華麗色彩記事本的你，為了不要破壞別人認為你是個有能力的工作者的印象，重點就在要極力抑制記事本之外的色彩！

活頁圈的直徑（厚度）

以帶著走的資訊量來選擇

選擇活頁式記事本時，很容易陷入一個盲點，就是收納的活頁圈直徑，一般為8～30mm，夾子的直徑越大，收納的量越多，但厚度也會隨之增加。

因此，應該以需要帶著走的資訊量作為選擇的標準，是要三個月份的好呢？還是半年，又或是一年份的呢？

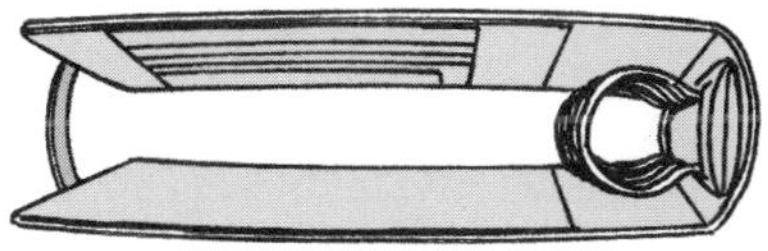

活頁圈：10mm
＝活頁紙：約80張

年度、單月、單週、日程等活頁的增加，再加上MEMO用紙和資料等，一個月份約四十張左右。這個大小的夾子可收納的資訊量約二至三個月的份量。

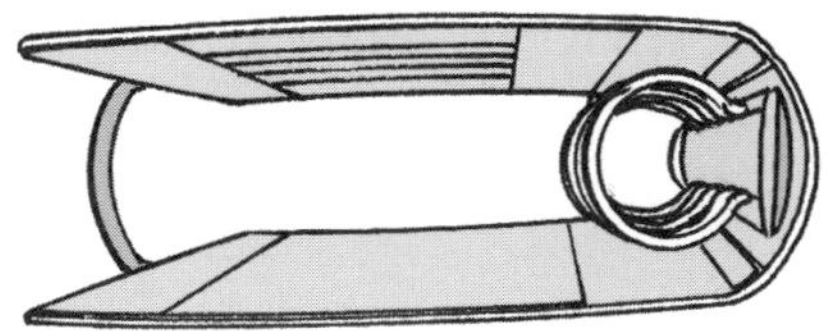

活頁圈：20mm
＝活頁紙：約180張

可裝載２～３倍10mm直徑裝載的量，但要考慮到厚重度。

成功者使用的記事本

活頁式記事本不同於一年換一本的裝訂成冊記事本，可以使用很多年，因此在經年累月的使用下，很容易就顯現一個人的個性。即使是價值數萬日圓的皮革，如果沒有妥善的照顧，就會失去光澤，出現許多刮痕，說得好聽是歲月的痕跡，但將記事本當作好夥伴的人是不會這樣的。偶而要上油，更換內頁，花時間管理記事本。

取得記事本後，冷靜練習戰略，成功者會善待自己的記事本，這類的人通常知道如何以記事本自我培訓。

決定記事本的軟體（行事曆的版型）

如果記事本內行事曆的版型無法符合工作及生活上的需求，使用起來會很不順手，例如，一天內有數個預定行程的狀況，日行程的欄位必須要大一些；以週為單位安排行程的人，選擇一週一跨頁的樣式比較方便。
如何選擇適合自己的行事曆版型，請留意以下四點：

POINT

跨頁型式，
可以預覽一段時間

想想在翻開記事本時，希望可以看見幾天的預定行程呢？一日、兩日、一～二週、一個月、一年等，根據工作的時間和生活方式來區分比較好判斷。

記錄的量

好好研究一日內記入事項的多寡，像是預定事項很多，或喜歡以日記形式記錄等。

是否標示時間

一天內有多件預定事項的狀況下，可使用附有時間格式的內頁比較便利，以不寫日記、MEMO和雜記款等記錄為優。

紙的厚度

記事本的厚度攸關攜帶的方便性，如果很在意破損和透光度，以厚度較厚的為優先考量，另請根據活頁式記事本可收納的張數為考量點。

各種行事曆的欄位類型

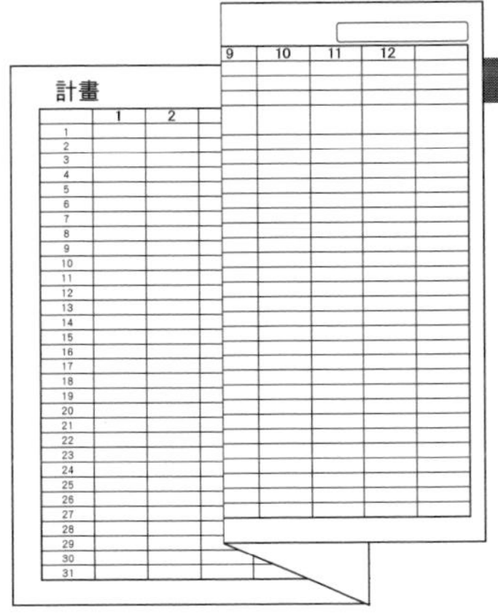

以年度作為計劃

風琴折

展開時便可看見一年份的行程，因為一打開就能看見年度的預定事項，適合跨月或是長期預定事項較多的人士使用。以月為單位或是一天一面等形式的組合，都常見的使用方式。

常見的樣式

單月行事曆

方便掌握單月的行程，單日記錄量少的人，使用這樣的行事曆就很足夠了。如果記錄的量多，以一天一頁或是一週一區塊為佳。

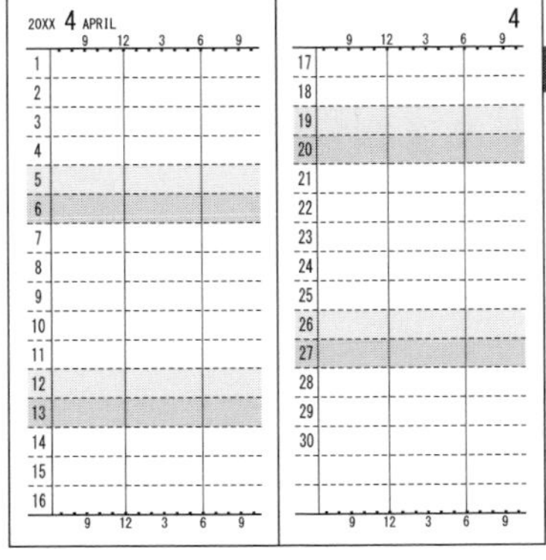

標記時刻

單月

在單月行程中加入時刻的類型，因為可記錄的欄位空格不多，適合輪班制的工作者，這樣就容易記入是早班、晚班，或是大夜班等。

各種行事曆的欄位類型

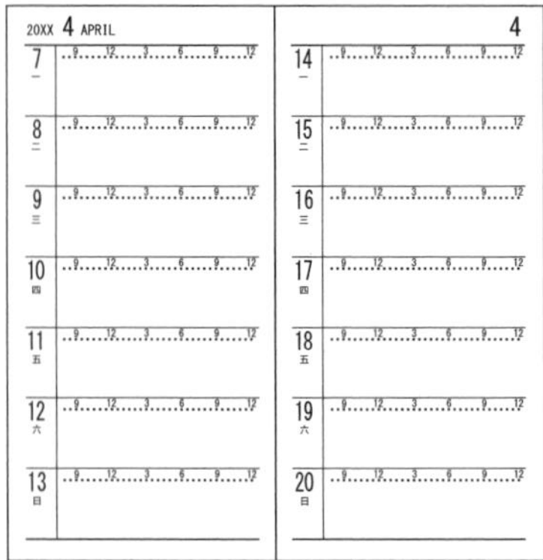

記錄量少的人

兩週

以兩週為一個跨頁，可同時確認兩週內的行程，一天可記錄的空間不大，但是這一類的記事本因為頁數少，所以也很輕薄，推薦給注重攜帶性強的人。

方便記錄和雜記

兩面為一週的類型

以一週為一個跨頁，根據記事本的大小而有所不同，但記錄量比較多。沒有附上時刻，所以單日有多項行程的人，我比較不推薦，但作為日記和雜記來使用則非常方便。

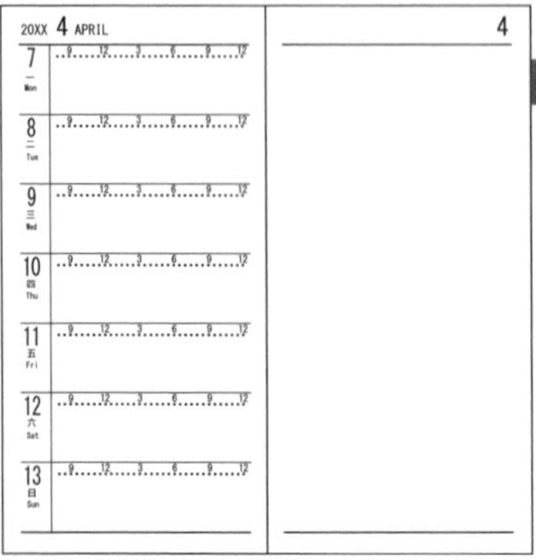

搭配空白memo頁

一面為週間記事＋一面為MEMO頁

翻開記事本，左頁為週間行事曆，右頁為自由記錄的空白頁面，這類型的記事本，有的還附有時間表，很適合約會多的人。空白MEMO頁可作為預備的行事曆欄位，或是安排會議的備忘錄來活用。

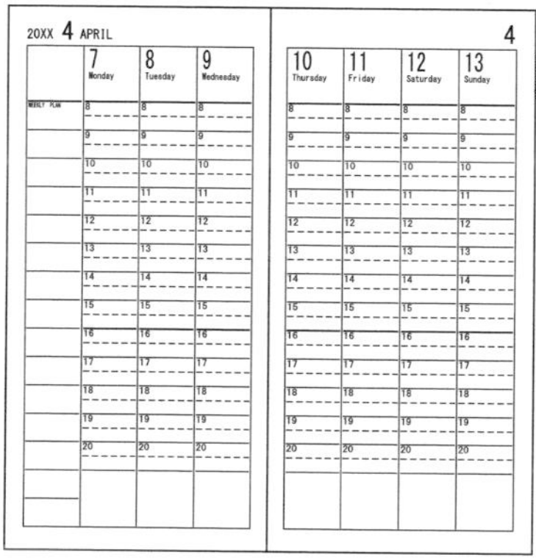

清楚分別預定事項及閒置時間

單週直式類型

以單週為一個跨頁，最大的特徵在於橫軸為日期、縱軸標有時刻，單週的預定事項和閒置時間能一目了然，適合預定事項較多的人士，和輪班制的工作者。

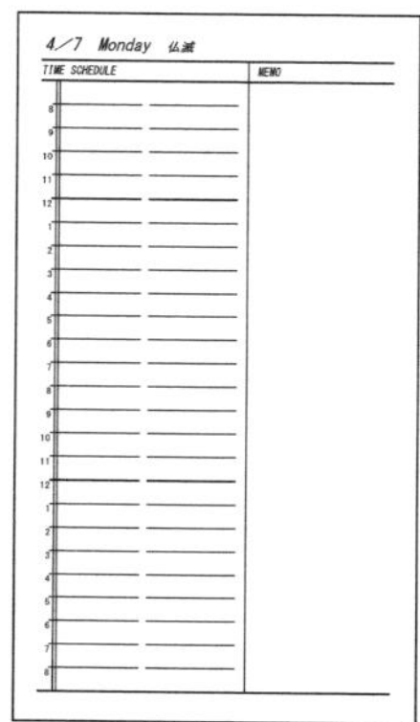

記錄量很多的人

一天一頁

推薦給單日有非常大量預定事項，以及喜歡寫日記和雜記的人，但是缺點是非常的厚重。可配合年度或單月的風琴折和單月行事曆來管理。

別忘了確認要以星期幾作為開頭喔！

選擇記事本的時候，最容易忽略要從哪一天作為開頭，一般的記事本都是以星期日做為開頭，或是以星期一作為行事曆的開頭，但是還是有很多人利用星期六、日外出，但是如果以星期日做為開始，請務必留意如此星期六、日就會被拆開。因此在購買與前年不同的裝訂成冊記事本或補充內頁時，一定要特別留意。不小心選到與前年記事本中的星期標示不同，就容易陷入習慣的困頓，像是在星期日的欄位上寫入星期一的預定事項等錯誤。

此外，因為記事本多為週末欄位比平日欄位小的「重視平日型」，這對於週末不一定休息的工作者，和想要清楚記錄週末預定事項的人，都是不可忽略的重點。

好用的記事本活頁商品

市面上的活頁式記事本種類繁多，很容易什麼都想要；但是除了行事曆以外的補充內頁，也應該要好好地選擇，如果只是因為看起來很方便就放入記事本，就會讓記事本越來越厚重，所以行事曆的內頁要儘量精簡。

MEMO

隨機書寫的空白內頁也是不可缺的常備項目，MEMO用紙可用於臨時記事用，也可記錄突然想到的創意，MEMO用紙的種類有空白、劃線、方眼等，還有不同的顏色。

目的別MEMO

討論MEMO、會議記錄、顧客識別資料和拜會的顧客清單等，有了這個MEMO就能將這些零碎的事項整理得井然有序。將應該處理的事項寫下來，做為確認用的應做清單，也是必須項目。

相片用的襯頁

可用來放家人和寵物的照片，也可以貼上自己嚮往的車子、目標等想要擁有事物的照片。

輕薄打洞機

使用輕薄型的打洞機，就能將一般的MEMO用紙和資料收納到記事本中。

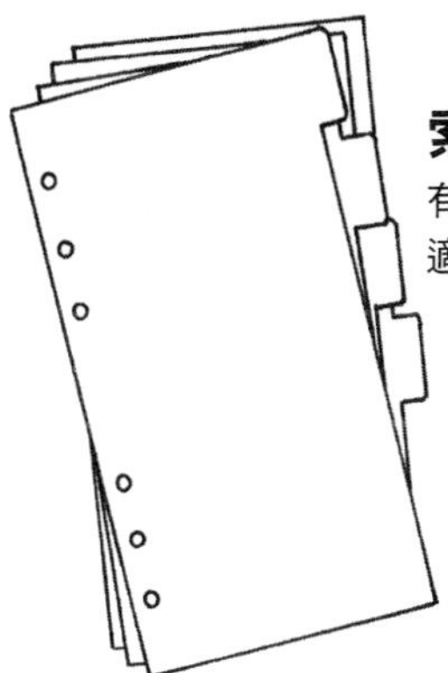

索引內頁

有了索引內頁就能立刻翻到需要的頁面，很適合用來整理記事本的內頁。

路線圖

依據路線圖來搭乘電車和地鐵的人非常多，使用起來相當方便，當有增設新的路線時，請務必記得更換。

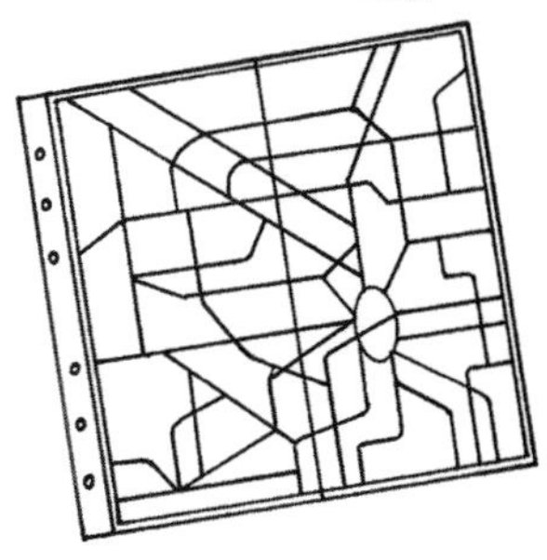

卡片（名片）夾

便於暫時收納作業進行中的相關人士的名片，也可以放入自己的備份名片。

透明資料袋

用於剪報或MEMO等資料的保存，非常方便，也可用透明資料袋收納卡片、賀卡、郵票和貼紙等常備用品。

製作「自創內頁」

如果覺得市售的工作相關清單和顧客資料簿，使用起來不順手，建議可以使用電腦製作合適自己格式的內頁，市面上也有販售可用於噴墨印表機的空白補充內頁，只要多花費一些工夫，就能得到最適合自己的原創內頁。

加強圈貼紙

為了減緩內頁洞口的破損。

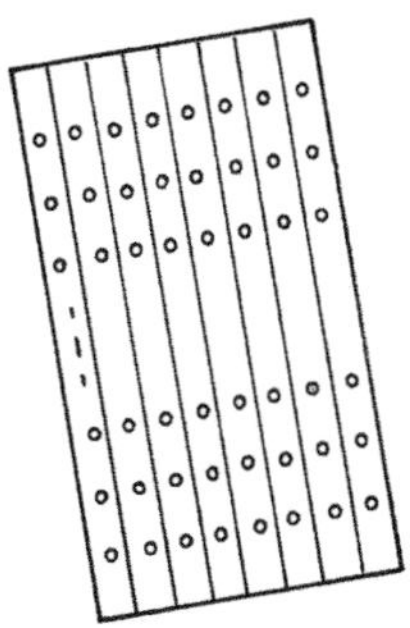

採用電子工具

PDA、電腦和手機的普及，大大的影響使用記事本的方式，PDA和電腦記錄的資訊量，遠比記事本大得多了，更遑論編輯、檢索、速度等優點。但即便是電子設備，也有順手不順手的問題，如果希望有效搭配紙本記事本，最重要的是要了解如何使用，這樣才能在使用的時候，根據它的使用方式，讓事情變得得心應手。

優點

簡單且攜帶方便，記事、刪除、變更的操作都非常簡單，可以收發電子郵件，也能上網，而且可根據軟體的機能擴大，也能連接電腦管理行事曆。

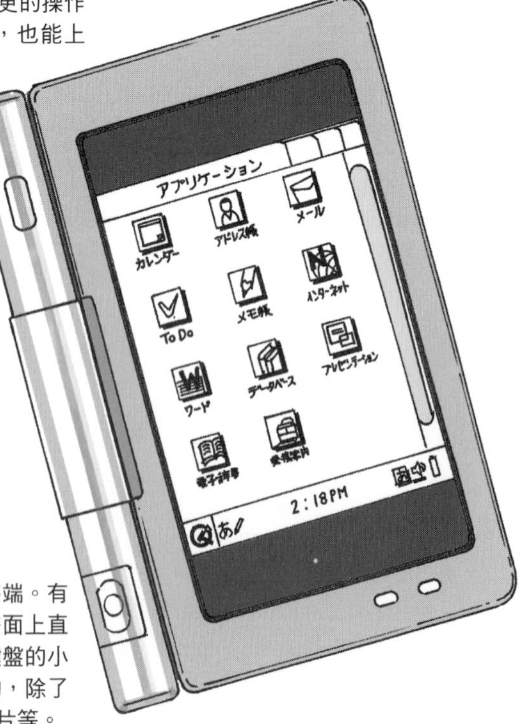

PDA

缺點

只要一變更或刪除就看不到之前的記錄了。如果擔心沒電、故障或中毒，一定要記得備份。

關於PDA

大約是跟手掌一樣大的資料處理終端。有些類型的電子記事本可以用筆在畫面上直接輸入訊息，有些類型則是附有鍵盤的小型筆電。更勝於紙本記事本功能的，除了以上的優點，還可以播放音樂跟影片等。

電腦

優點

關於資訊量、編輯能力、搜尋項目和網路都是最優的，軟體的種類也很多，也能於公司內部區域網路管理及分享資訊。

缺點

雖然已經越來越輕薄了，但是攜帶還是非常不方便。而且得預想機體本身故障、資料損壞和病毒等情況，所以一定要隨時備份。

優點

可以隨身攜帶是最大的優點，功能性非常充足，除了有電話簿、通訊錄等功能以外，還有行事曆、鬧鈴、文書等，有的還附有照相功能，也能當作電腦跟PDA使用。

缺點

根據機種的不同，機能也參差不齊，按鍵和螢幕太小、操作麻煩。為避免故障和弄丟，所以也一定要備份。

使用記事本軟體

用電腦管理行事曆的時候，不可欠缺行事曆軟體，它的種類繁多，所以要跟購買記事本一樣好好研究，找到合適自己的行事曆軟體，使用順手是非常重要的。

網路上可以搜尋到管理行事曆、處理事務和會計等軟體，因為有付費、免費和分享軟體，可以一邊下載並實際試用，一邊尋找合意的。這個軟體要能串聯手機跟PDA使用，並且以列印出來能夠收進記事本的軟體為選擇基準，這樣就能整頓出最好的狀態。

14 決定要以哪一本為主要的記事本

使用兩本記事本或記事本和電子工具並用的人

有人只要一本記事本就能完全搞定，但也有人將記事本分為工作用和私人用。有的公司部門或組織以電腦管理行程，這時候要將記事本和公司電腦作組合。

使用多本記事本，或同時搭配記事本和電子記事本等組合，訊息管理和調整就變得很重要，一不小心就容易遺漏行程或是重複記載。要預防這些狀況，請務必以一本記事本為主，特別是工作用的記事本，要能夠嚴守一翻開便能把握行程全貌的原則。

外務取向的人

以攜帶方便為主的記事本

優點

以攜帶為主的記事本，即使是出門拜訪也可以查詢所有的行程跟資訊。

缺點

雖然是攜帶方便的大小，但可記錄的空間容易不足，而且很有可能遺失。

＋

電腦

可以大量的檢索跟編輯資訊，如果公司電腦中的資訊是共享的，就能同時掌握上司和部屬的行程，能夠將資訊列印下來並且帶著走，也可以當作攜帶型記事本的備份。

＋

留言記事本

因為是轉記攜帶型記事本的訊息，所以不用寫得很整齊。留言記事本在記事本遺失的時候，還可當作備份資料，但是請注意不要遺漏訊息或重覆安排行程。

桌上型取向的人

以大本的記事本為主

優點

平常不用帶來帶去的話，可以使用開本較大的記事本，可記錄的訊息量也比較多，也能將用電腦搜尋和編輯的資料列印出來夾帶在該記事本中。

缺點

既大本又笨重，不便於攜帶。

PDA

外出的時候以電子工具管理非常方便，因為記錄的資訊量相當大，所以可以容納桌上型記事本的資訊，但是一旦變更或是刪除，便無法看出之前的記錄，所以再次與桌上型記事本的資訊進行核對是很重要的。

MEMO、便利貼

可先記錄外出時的訊息和MEMO，然後再貼到桌上型記事本上，如此一來就能預防遺漏。

可以配合一起使用的項目

筆記本

可利用來整理攜帶型記事本寫不下去的訊息，並作為雜記本用。

手機

活用手機的行事曆功能和提示功能，而記事功能可作為MEMO使用。

便利貼

配合攜帶型記事本或桌上型記事本都非常好用，因為撕貼方便，能夠移動記錄的訊息，預防轉記所發生的遺漏。

別忘了連結家裡的行事曆

和家人、朋友的私人約定，時常隨手在身邊的月曆上打上圈圈或直接記錄，如果沒留心將約定的事項轉記到記事本上，就會有要突然取消重要約定的顧慮。所以別忘了這個重點，就是連結家裡的月曆跟自己記事本。

15 遵守規則，不要讓資訊零零落落

為了將記事本的功能發揮到百分之百

要善盡記事本的功用，就得慎選自己的作業系統跟規則，才不會因為使用多本記事本或搭配電子工具而導致效果不彰。

與A的約定寫在單月行程的頁面上，與B的約定寫在別的頁面，一下這邊一下那邊，這樣不但減低記事本的功能，也很容易造成失誤。

要將約定行程同時寫在單月行程的頁面和單日行程的頁面上，或是在約定的事項上以便利貼附上必要的訊息等規則，並且加以實行。

決定自己的記錄方式

寫

What　做什麼

如果什麼訊息都記錄，真正重要的事情就容易被淹沒，所以要決定記錄的項目，像是行程、約會、自己應該處理的事情等例外或偶發的事件，可以活用MEMO或便利貼。整理和確認記事本的時候，再將已完成的ＭＥＭＯ或便利貼丟掉，這樣就能夠對資訊做有效的取捨了。

Where　在哪裡

決定記錄的頁面，如約會就寫在月行程表，應該處理的事項就寫在應做清單，需要商量的事項寫在MEMO頁和會議記錄頁，自己平均分配，就不會造成資訊的混亂了。但是，太過細分反而會造成混亂，大概整理即可。

How　如何

以約定事項為例，有時間、對象、事情等要素。大量使用記號表示約定的事項，特別是重要的約定和不確定的約定，以不同顏色的筆標記等，決定這些規則後，日後便能一目了然。

整理

When　什麼時候

設定整理訊息的時間，看是要晚上睡覺前、週末或是休息時間等，移動中的通勤時間也可以。整理這些寫在MEMO和行程表等的資訊，說不定就會浮出新的想法。

How　如何

一邊整理記錄的資訊，一邊發現問題點和改善的重點，依此組織行程或變更行程，也能安排出工作的優先順序。因為可以整理頭腦的訊息，也能夠提高工作的效率。

整理

When　什麼時候

養成老老實實翻開並確認記事本的習慣，即使不小心遺忘的事項，也能因此而立刻想起。除了早午晚，亦可在作業完成、回家前後再次確認。

How　如何

明白確認工作的重要性是很重要的，用線槓掉或在事項前面加上確認方框，這樣就能清楚知道之前做過什麼，或改變了優先順序，所以要附上號碼跟符號以便了解。

此外，養成固定整理並確認記事本內容的習慣；如果不能一體化管理自己的記事本，工作就不能有效率的進行。

選擇適合自己工作形式的記事本

工作形態人人不同，有朝九晚五上班族，也有二十四小時值勤的人，有關記事本的時間備忘，列出從早到晚的很多，但也有二十四小時的時間備忘，請依自己的工作形態選擇適合的記事本。

16 每天確認記事本九次

越常翻看記事本，就越有效果

早上

AM7：00

出發前先確認

公事和私事都要確認，像需要更換服裝或攜帶的東西，換衣服前最好先確認。

AM8：00

電車中確認

看看行程表，想想該如何安排工作，預定外出、公司內部會議等，在腦中預演一天的流程。

AM9：00

公司中的確認

工作前，請先一邊確認記事本、一邊確認信件等，確認有沒有因為急件需要變更的行程。

PM12：30

午休時間的確認

用餐中或用餐後，安排並確認午後的工作。

新手和老手使用記事本的方式大不同，因為一天內確認記事本的次數有別，原來老手每天都會確實的翻開記事本再三確認，因為他們知道確認記事本的次數越多，記事本發揮的功效就越強，自己的能力也會越高，所以要習慣常常和記事本開會。

確認時，不是只看過去，一邊確認行程及預定的事項，一邊為下一步預先準備。另外還要確認應該處理的事情，是否都完成了。

然後，為了利用記事本提高

作業中的桌面上放著翻開的記事本。

中午

PM1：50

外出前的確認

事前確認開會內容、資料等，會後對照記事本的內容，作為下次開會的預定事項。

PM3：30

作業中經常確認

作業終了的再次確認，確認進行過程；如果必須根據實際狀況調換作業順序，即使兩次、三次的確認，都先反應在記事本上。

晚上

PM8：00

下班前的確認

確認有沒有未完成的作業，可當作隔天開始的工作事項，然後確認隔天應該準備的東西。

PM9：00

在回家通勤中的確認

如果有處理到一半的工作，也能在回家的電車中確認。

PM10：45

睡前的確認

再次確認明天預定的事項，如果週末有預定的事項，確認是不是真的可行，也可以當作確認單週和單月預定事項的時間。

動機，不要忘記在記事本上寫下自己的夢想和目標。

17 安排預定事項的時間

妥善安排可以增加時間

時間點 1

年末、年初

一年之計在於元旦，最適合安排計劃，正月的休假時間，也是更換記事本的時期，比較舊的記事本，在新的記事本上寫進預定的事項。

時間點 2

月末、月初

利用月初安排當月的預定事項，由於到了月末就能知道結果，未達程的事項和需要變更的事項，可反應到下個月預定事項的安排。

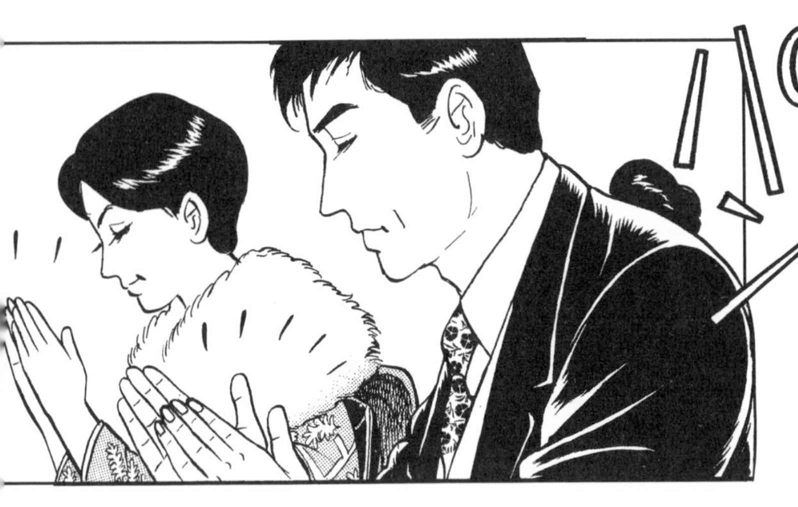

工作越多越要妥善安排行程，這樣才會有好的結果，為了達成自己的夢想和目標，也要好好安排。

反之，若是沒有好好安排，就會遇到重重困難，所以如果能夠安排得宜，工作便能順利進行，減少時間的浪費。

此處請務必確實進行，翻開記事本一定要仔細安排預定的事項，但安排預定的事項是很麻煩的工作，因為未來的事情總是充滿不確定。所以，這時最好不斷根據當下進行的狀況，再次確認調整安排事項，

安排預定事項的順序

以下為簡單的順序，詳情請見第72～77頁。

1 以應該處理的事項、目標作為挑選清單

以預定的工作和目標作為挑選的清單，就不會不知道要做什麼了。

2 排入優先順序

根據號碼的優先順序整理，以有約會對象的預定事項等為優先考量，或是只有自己一個人的事情，可以進行的重要事情為優先。

3 記入行程表

應該處理的事情，決定好優先順序，就能記入記事本中的行程表中，可能的話也寫上候補的處理日期，這樣就能隨時應變。

4 無法完成的事情請再次安排計劃

無法達成的時候，一定要排入下一次的預定事項，或是變更預定事項的優先順序，因此這個時候一定要一邊掌握所有的預定事項，一邊重新調整。

時間點 3

週末和一週的開始

利用一週之初安排該週的預定事項，週末的時候來審視，同時作為下一週的反省事項，比起其他週，月末的那一週和結案日那一週的預定行程，要盡量保持寬鬆。

時間點 4

一天之終

當日預定的事項，於前一天晚上和當天早上安排，每天工作結束時，都要再次確認當日完成的作業，未完成的事項，應該調整為需儘早完成的預定事項。

時間點 5

任何時候

調整預定事項的時間點越多越好，像是剛好空下來的時間，比預定的時間提早順利完成工作的時候；反之，無法在時間內完成的事項，就要確實調整預定事項的時間。

祕訣就是在安排的時間點，怎樣將內容的細部連結起來。

即使起初想到就覺得不可能也沒關係，因為經過幾次的練習調整，就能看見自己的優缺點了。

18 寫下自己要去做什麼

刪除「等待某人回覆」的無謂時間

被動的記錄方式

●等待A部長回覆企劃書是否沒問題
●25日以前要將資料送過來

以上的記錄方式，全是為他人設定的目標，不知不覺就變得被動，使工作效率變差。

主動的記錄方式

●為A部長提出企劃書，作簡報之用
●25日要收到委託的資料。確認25日收到的資料

如果是這樣的記述方式，就可以清楚知道自己應該處理的事情，因為能夠以自己為主體進行工作，除了減少時間的流失，也能提升效率。

進行工作的時候，常有無法照自己的意志進行的狀況。如果雇主和上司不同意就無法繼續進行，因此記事本上並列了很多什麼也無法處理的事項，或是無法照自己的進度進行工作。但是，偏偏記事本上列了許多怎樣都無法按照自己的想法進行的案子。

但是，請不要在記事本寫上各式各樣「等○○○回覆」的行程，如果要寫，應該寫成「詢問○○○的回覆」，此外，如希望提升效率，等待的時間還能寫下應該處理什麼事

情，瞬間多了N個自己。

因為是自己的記事本，所以一定要徹底的寫下自己應該處理的事情，而且是以自己的觀點寫下應該處理的事情。如此一來，就可以減少無謂的時間浪費。

COLUMN

要會工作，也要會休假

能夠工作的人也要能夠安排休息的時間，如一個小時專心於企劃，然後休息十五分鐘；冗長的會議後，喝杯茶休息一下；為了企劃衝刺了一週，然後去放個暑假。

調整記事本，有效的安排自己ＯＮ＆ＯＦＦ的預定行程。

19 把車子當作自己的書房

學習在移動中修正記事本的方法

在外出場合活用記事本

記錄收集來的資訊

街道或電車中的廣告看板，和計程車司機的對話等，其中有特別在意的事情，如找到關鍵字，就寫在記事本中，或利用附有照相功能的手機來記錄影像。

將必要的事項輸入腦袋

重新檢視記事本中的下一件預定項目，或會議記錄等，然後將情報輸入腦袋中，前往拜訪客戶前，做好準備讓對話更順暢。

用來深思或思考程序

這段時間可用來練習企劃或是思考工作上的程序，比對記事本上的程序和行程，確認現在進行的狀況和順序。

保持禮貌

集中在翻開的記事本上固然很好，但是也不要忘了遵守禮貌，雖然說是工作，但是電車內也不要講電話，或是佔用博愛座，這都是很不禮貌的行為。

因為工作的關係，以公司外部為作業中心的人，或是常出差的人，外出時請先抄下手機裡工作上會用到的電話號碼；這麼做的話，即使沒有辦公桌也能作業，所以一定要學習養成這樣的習慣。

只要打開記事本，也可立刻反應緊急工作的電話，或在移動中的車廂內、外出時突然空出的時間，都可以有效活用。

這樣一來無論何時何地，只要翻開記事本就能當作是自己的辦公桌，並集中精神，提升工作的品質和效率。

外出場合必備的工具

MEMO
不方便寫在記事本上時，或是突發事件時需要立刻記下來而準備的，最好和筆放在一起。
手機
轉成震動，放在上衣胸口的口袋裡，就可以輕易感覺到收到簡訊，為了預防忘記一定要確定放置的位置。

記事本

放在上衣的口袋或是公事包中都可以，但是一定要以可以迅速取出為優先考量。且要和筆放在一起，這樣才能保持隨時都能記錄的狀態。

筆記和電腦

出差等長時間移動的時候，有電腦就很方便，但不要忘了充電器和網路連接線；此外，紙本的筆記本也意外的有利用價值。

20 記事本的風險管理

預防個人情報外流

緊急聯絡人

家人的聯絡方式

- □先生、妻子的公司、部門、上司的名字
- □小孩的學校、級任老師的名字
- □先生、妻子的父母家
- □家人的手機號碼

可作為手機沒電或遺失時的備忘，以最少的聯絡人為記錄基準，但因為是重要的個人資料，可以除了自己以外的人不容易知道的方法記錄。

其他

- □信用卡公司
- □金融機關
- □電信公司
- □保險公司

錢包、卡片、手機等遺失的時候，可以緊急聯繫各公司。

現在大家人手一支手機，也許隨時都可以和家人連繫，但是，當手機持有人受傷或是急病的時候，即使有手機也是沒有用的，而且手機也有可能遺失或檔案壞掉，為了以防萬一，即使是家人的電話也要依照以上的方式，將資料寫在記事本裡，這點是非常重要的。

此外，有人會將信用卡、銀行帳號和許可證等的號碼寫在記事本，但是再怎麼天才的人也不會將密碼寫在記事本上，雖然這是大家都知道的事，但還是要提醒大家。

是哪裡壞掉了呢？

打開引擎蓋。

為了應付車子故障或發生事故，將經銷公司和汽車保險公司的聯絡方式記錄在記事本中。

與金錢相關的資料，千萬不要寫在記事本上，如果習慣將密碼寫在記事本上，遺失或被偷的時候，只能聯繫發卡公司和銀行。

自己設定密碼的關鍵字

許多人的帳號、密碼繁多，像是銀行的提款卡、信用卡，還有電腦和手機的登入號碼等，也有人因為密碼太多，結果發生想不起來的情況，但是直接記錄在記事本上是危險的，如果要寫上密碼，請依自己的方式將它暗號化，一定要是只有自己知道的關鍵字；或許這樣很麻煩，但是不事先預防，到時候會更麻煩。

21 有備無患，記得備份

為了不要遺失未來

即使弄丟了也不會太困擾

電子產品

和電腦、PDA連結的記錄也一定要用MO和磁碟片等進行保存。如果是紙本的記事本，可以利用掃描將資料PDF化，做為電子資料化的方法。

影印

最便捷的方式，養成一段時間就做備份的習慣，行事曆、地址、商談的記錄和會議記錄等，將自己認為重要的部分影印起來。

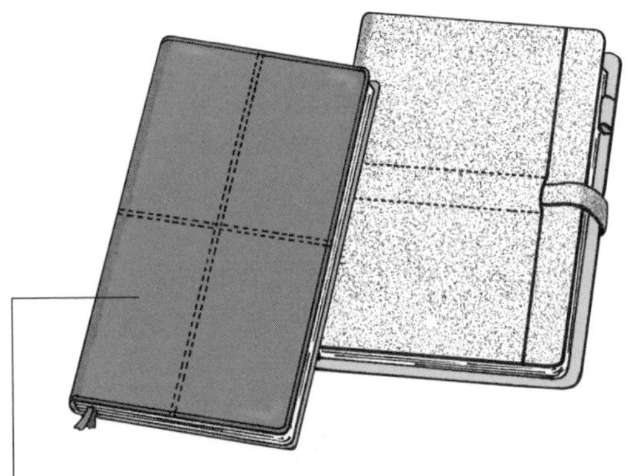

使用2本以上的記事本

先選定一本做為主要的記事本，然後再準備備份用的記事本，雖然不用像主要的記事本那樣記錄，但是如果能夠記錄最少的資訊，就能當作預備使用。

電腦等物品也只是電子產品，所以故障、資料損毀等狀況是可以想像的，所以一定要記得備份。

但是，紙本的記事本就不需要備份嗎？記錄今後預定的目標、過去記錄和地址等資料的記事本若是遺失，有可能因此失約而影響信用，在工作上也一定會造成失誤，所以應該要做好危機管理，影印記事本內的資料，當作備份記事本。

為了可能遺失而預先準備

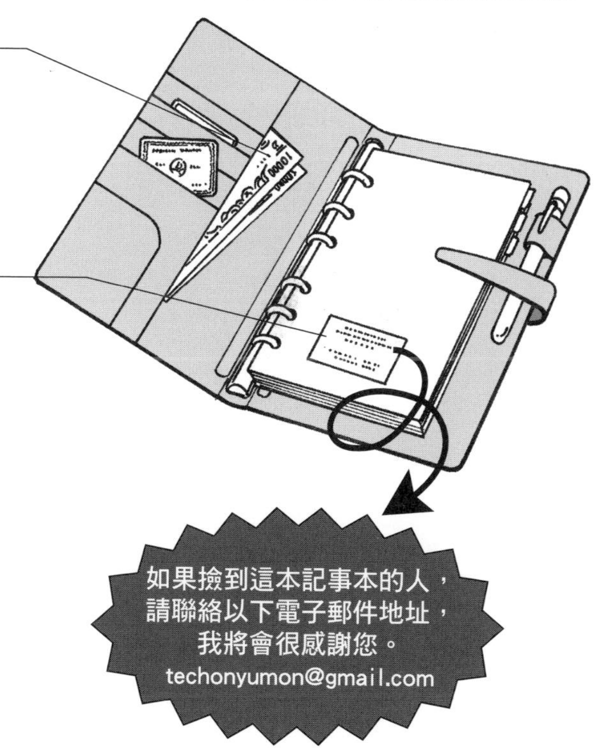

如果撿到這本記事本的人，
請聯絡以下電子郵件地址，
我將會很感謝您。
techonyumon@gmail.com

不要放入與錢有關的東西

現金和卡片類等與錢有關的東西，請不要收進記事本中。

留下聯絡方式

預設撿到此記事本的人可能會歸還，所以在記事本上貼上歸還的聯絡地址和謝禮等訊息。

※因為不知道撿到記事本的人是個什麼樣的人，直接留下地址、名片、電話號碼等資料似乎不太好，但如果是免費的郵件信箱就會比較安全。

請再三確認電子工具的備份資料

若是使用電腦、PDA和手機等電子工具，就要做好萬全的備份。

備份的時候，以本身的硬碟來備份是不夠的，如果機器壞掉就失去備份的意義了，所以請備份在外部的記憶體，如MO和光碟片等。

使用手機的人，利用手機的軟體也可以進行備份，利用手機業者所提供將資料備份到磁碟片的服務，進行資料的保存。

電子產品使用起來很方便，但是預料之外的故障非常多，千萬不要讓機器影響到自己所安排的事情。

22

順利接棒

從去年的記事本更換為今年的記事本

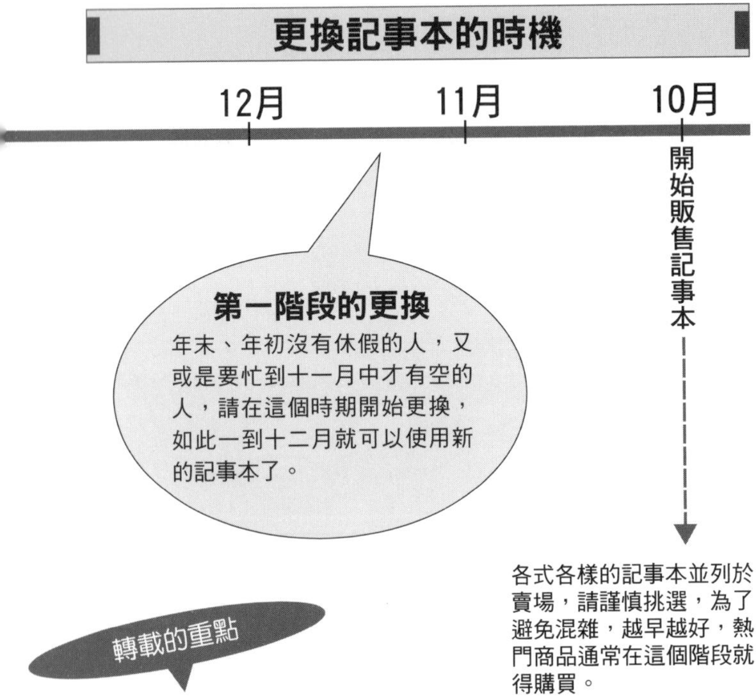

更換記事本的時機

12月　11月　10月

開始販售記事本

第一階段的更換

年末、年初沒有休假的人，又或是要忙到十一月中才有空的人，請在這個時期開始更換，如此一到十二月就可以使用新的記事本了。

各式各樣的記事本並列於賣場，請謹慎挑選，為了避免混雜，越早越好，熱門商品通常在這個階段就得購買。

轉載的重點

從前一年的記事本轉記

記錄個人資料和紀念日、更換通訊錄等，這個時候可以確認是否有更換地址。

每年入秋就是換購記事本的季節，店家也開始擺放記事本。有人會繼續添購同樣的款式，有的人會購買不同於以往的款式。從這個時候開始準備下一年度的記事本吧！

若要選擇相同款式的人，盡可能早點下手，特別是熱門款式，很早就開始販售，通常很快就銷售一空，到時候就得跑很多家百貨公司，或是改選擇其他款式，活頁式記事本的補充內頁也一樣，可以多買幾份備份。

選擇不同以往的記事本，

4月　3月　2月　1月

年末、年初更換

正月休假的人，可利用這段時間更換記事本。在元旦時候寫下目標和提高動機的方法，並順便看看賀年卡上的寄件地址，如果有更動很容易就可以做更換。

第三階段更換

教師和公務員這類重視年度作業的人，到3月份再做更替也沒關係，選擇2月左右開始販售的記事本（今年4月到隔年3月）以符合自己的工作型態。

如果是沒有標記日期的記事本，決定要在什麼時候更換都可以。

轉載的重點

寫下既定的預定行程

年度行事和結算期間等，寫下明確的預定行程，同時進行為了達成目標而訂立的行程。

或不同款式的補充內頁的人，通常有幾個問題；首先，要知道自己需要怎麼樣的記事本，如果沒有將之前的備忘資料整理好，就算到了賣場也會很煩惱，不知道要找哪一種。因為好用的東西通常很快就賣完了，到時候也得跑很多家百貨，或是被迫選擇其他的款式。

購買記事本的期限取決於何時替換記事本，從十二月中開始使用新的記事本和從元旦開始更換是不一樣的。

如果取得新的記事本，要從之前的記事本將資料轉移過來，經由這個動作也能讓記事本漸漸成為自己的東西。

如果可以確實的使用記事本，
就能夠嚴守結案日期。
接下來請看PART 3 教你如何讓
記事本變成幹練的祕書。

嗯……去年和前年10月的出貨數量是多少呢？
啊！找到了，果然比去年少。

● 詢訪周遭的人

「會不會保留使用完的記事本呢？」

回答「全都留下來」的人大約占了四成，但是如果是用來「沉浸於回憶」，這種狀況的活用度是低的。

使用完的記事本對於工作也是很有用的，不要把寶當作垃圾喔！
請見第94～99頁。

Part 3

使用記事本，丟掉每日遲漏的狀況

23 從忙碌且不安的情緒中解放

在待辦事項中附註順序

工作非常忙碌的時候就會變得很急躁，該怎麼做比較好？應該處理的事情堆積如山、無法安排事項等狀況，非常令人苦惱。

但是，一起始就陷入焦慮容易造成不好的結果。工作的重點在於準備和安排，確實打好基礎，就可以減少擔心的事情。如果可以安心，就能提高工作的效率，所以接著就要介紹實際使用記事本的方法。

首先，自己真的很忙的時候，要從掌握忙碌程度開始，如第36頁的敘述，將應該處理

1 把要處理的事情列表

將想到的事情都寫出來，有新的工作也要立刻追加，私人的事務也沒關係，全都列入清單中。

- 製作企劃書
- 到工廠見習
- 彙整開會資料
- 和A開會
- 購買生日禮物
- 慢跑
- 參加演講
- 整理B社的資料

POINT

也不要忘記因為行程所發生的必做事項

看看以單週或單月為單位的行事曆，事前確認有沒有必須處理的預定事項，如果開會和約訪前有必要完成的企劃書和資料，這也是應該處理的事情，準備結婚紀念日的禮物也是應該處理的工作。

2 檢驗清單，決定需要的時間

將應該要處理的事情列入清單，整理應該做什麼、需要多少時間。確認講座和讀書會等的次數。在這個階段掌握工作的份量和內容。

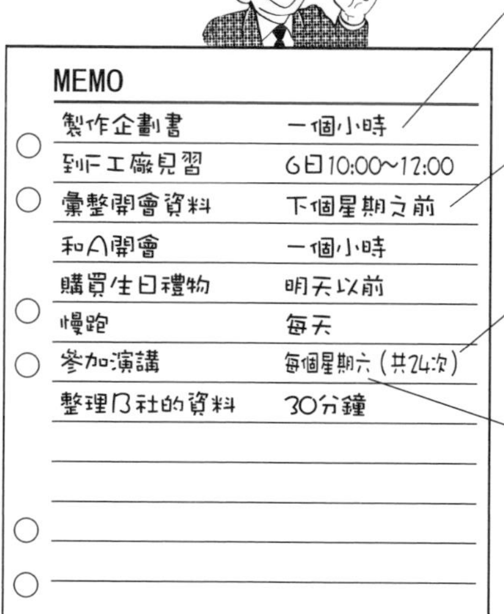

需要多少時間？
資料的製作要花費多少時間、開會和約訪等所必須的時間，做某種程度的預想和安排。

期限？
需要在多久之前完成，決定結案日期。

一次就可以了嗎？
無法一次就完成的，像是有多場次的講座和作業量多的工作，分為多次進行的事項，需決定預定的次數。

已經決定時間的狀況
每天慢跑、每週五晚上的演講等；固定的日時和次數，做應該做的事情。

的事情全都寫下來，這就是所謂的應做清單。

然後，將寫下來的項目，個別安排所需要的時間，以及確認期限和決定順序，並附註優先順序。

接下來，依照這個順序安排行事曆，將排入的行程確實執行，並隨時確認調整。如果有無法處理的事情和變更的地方，應再回到應做清單，或修正行事曆。

不要忘記，如果一開頭就覺得麻煩、急躁地進行，事後會更麻煩。

3 該處理的事項前面標上順序

定出應該處理的事項和所需要的時間後，就要決定處理的順序，並以優先順序分別標上◎、○、△，或是1、2、3等數字，決定優先順序的重點是緊急性和重要性，例如：又緊急又重要的工作、重要但沒有期限、尚有時間處理的工作。

以重要性和緊急性來決定優先順序！

重要性

重要度高的，如大案子、客訴和事故等，還有雖然不是很急切但很重要，如自我啟發和網路設定等。然而，茶會和接待會的重要性會依照客戶的重要性而有所不同，所以清楚分辨重要性是很重要的。

緊急性

緊急性高的事情，如期限從今天到明天。突發的事故、過失、傷害、葬禮或突然在半夜發生的事情等，都屬於緊急性高的項目；一週以內處理完就可以的事項等，都屬於緊急度低的工作。不過，即使緊急性不高重要性卻很高的事項，也應該列為優先處理比較好。

優先順序　高 ◎
（絕對要處理）
重要性和緊急性都很高，一定要優先處理的事項。還有無法分配給下屬和同事的工作，只能由自己完成的事項。

優先順序　中 ○
（應該事先處理）
重要性和緊急性屬於中等，但自己應該處理的事情。雖然無法交付他人處理，但時間上比較充裕。

優先順序　低 △
（有能力再來處理）
重要性和緊急性較低，可以延後提出，或是可以分配給下屬和同事處理的工作。

MEMO

◎	製作企劃書	一個小時
○	到F工廠見習	6日10:00~12:00
△	彙整開會資料	下個星期之前
○	和A開會	一個小時
◎	購買生日禮物	明天以前
○	慢跑	每天
○	參加演講	每個星期六（共24次）
△	整理B社的資料	30分鐘

4 將待辦事項，以兩個步驟排入預定表

有了應做清單後，將它們排進行程表中。首先，將約訪等有確實日程的事項排入，然後再將需優先處理的事項排入，若是清單中的事務可以等到空檔在處理的，就不要填入行程表中，讓它們繼續留在清單當中。

排入已經定好日程的預定事項

先排入會議和約訪這類的事項。

10	10	10
F工廠見習		
11	11	11
12	12	12

step 2

從優先順序高的事項排入

排入STEP 1之後所空下來的時間，從處理優先順序高的事項（緊急性和重要性高的）開始排入記事本。

18 購買生日禮物	18
19	19

養成每次翻開記事本，就確認應做清單的習慣，就不會遺漏處理到一半、延後提出和保持現狀的事項了。

5 完成預定事項後的確認

每完成一件事情，就要再次確認應做清單。處理到一半或有沒有跳過順序等的確認，藉以掌握正常的進行狀態。
這樣就能從完成的事項中，得到很大的成就感。

MEMO

☑	◎	完成企劃書	一小時
□	○	F工廠見習	6號10:00～12:00
□	△	彙整會議資料	下週前
□	○	和△△△先生開會	一小時
□	◎	~~購買生日禮物~~	~~明天以前~~
□	○	慢跑	每天
□	○	參加座談會	六（共24次）
□	△	整理B公司的資料	3

進行確認
清單的前面加入確認欄位的方框，然後就可以在方框內做上記號。目前市場上也有販售附有確認欄位的應做清單。

用看得見的線槓掉
完成的項目用線槓掉，如果用橡皮擦擦掉，就無法留下處理過的記錄，所以最好不要這樣做。

6 再一次安排預定表

如果無法按照計劃進行

原先排定的事項有所變更，無法確實按照計劃進行的時候，立刻查看行程表，然後更改預定事項。儘早排入空白的日程中比較好。

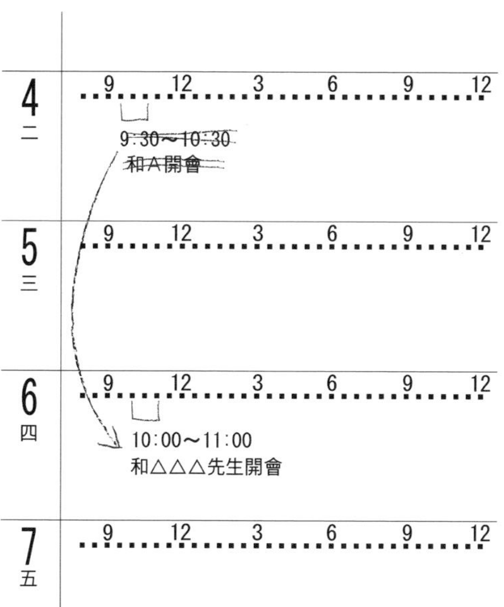

改變切入點

製作企劃書和簡報時需要的資料，怎樣也無法按照預定的計劃想出點子等，遇到這些阻礙而無法依計行事的時候，請試著改變切入點或是改變想法。
此外，點子會影響到工作的成敗，所以一開始排入行程的時候，就不要排得太緊。

應做清單的好處是「不會遺漏」

使用應做清單的方法，不只是寫下應該處理的事項；要跟MEMO一樣，寫下所有在意的事項，說不定裡面隱含創意的來源。只要先記下關鍵字，之後有空再回頭確認，並養成查詢的習慣。

現在網路的搜尋引擎工具很方便，即使只是一個關鍵字，都可能取得各種資訊，而這些關鍵字可像是跟顧客閒聊時聽到的字詞、店名、作家的名字或電腦軟體等，任何事情都可以。唯有頻繁的確認應做清單，才能減少遺漏和失誤率。

24 掌控緊急的工作

困難的情況越容易顯露本性

如果發生緊急的工作

中澤，麻煩你現在立刻到總公司，並且將B案的資料全部帶來。

首先拿出記事本，確認緊急的工作、現在正在處理的工作、之後要處理的預定事項，想想該如何安排優先順序。

將緊急的工作分為

或許無法優先處理
手邊的工作無法放下時，先排入下一件重要的預定處理事項，並說明這個緊急事項的現狀，如果無法判斷其優先順序，請再回頭討論。

優先處理
現在的工作可以延後送出，或是後面無預定的事項，就改變優先順序，先處理緊急的工作。

在組織中能夠按照自己的想法進行工作是非常罕見的。通常都會被其他插入的工作打斷，例如上司交代的事情，像是「某事的狀況如何？」、「請先處理這件事」等，不管這邊的工作進度，而有新的工作產生。

面對這樣的狀況該怎麼處理呢？不能拒絕上司的命令時，就常發生變更行程的情況，但是這樣是不行的。這個時候記事本就派上用場了。

首先，如果被吩咐的工作很緊急，請先回覆「是」，之後

經常要變更優先順序的人

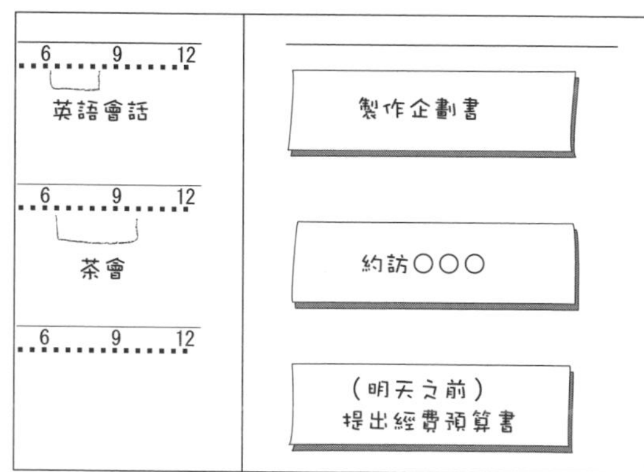

利用便利貼做為應做清單，就很方便

一張便利貼只寫一件事項，然後按照優先順序貼在記事本上，如有較急的事務，寫在便利貼後，就能輕易的更換順序。

可以考慮分配給其他人

遇到突然有緊急的事務和自己無法處理的事務時，將工作分配給同事或部下也沒有關係，之後只要再行確認就好，不用擔心事情會處理不好，下屬也會知道該如何工作，不要一個人承擔。

方便替換是電子記事本的優點

用電腦、PDA製作應做清單的情況，很容易安排順序和替換順序，像是在電子的行事曆做一處變更，月行事曆和週行事曆也會跟著連動變更，這樣就不會遺漏了。

但是，電子記事本不會留有原先排定的事項，所以如有顧慮時，請在變更前列印出來，這樣就可以安心變更了。

依被吩咐的工作的重要性和緊急性，一邊和上司討論，一邊檢討，然後排入應做清單中，重新進行安排。重點是不要焦躁，冷靜處理。千萬不要忘記，面對緊急的時刻更會顯現自己的本性。

25 掌握自己的能力和作業時間

為了預定工作的重要資料

用經驗當作安排的基礎

預測會議的特性
依照經驗判斷這個會議是否會在預定的時間內結束，例如一看見某位出席者，便知道延長會議的機率很高。

預測作業時間
報告書、預算書和企劃書等的桌上事務，依照目前的經驗，應該可以預想需要的時間，但如果是第一次遇到這樣的工作，就要預留備用的時間。

排入移動的預估時間
外出的場合發生預料之外的可能性高，所以要預留交通混亂和交通事故的時間，尤其是有多個約訪行程的時候，更要特別注意，從這個點移動到那個點的時間。

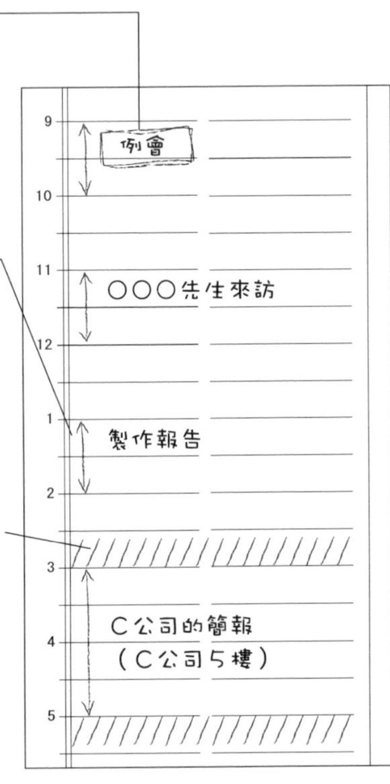

安排行程的時候，一定要冷靜的思考為了要整理這些工作事項需要的時間。無法適切的計算需要的時間，就不可能按照預定的行程進行，這樣預定事項就會很頻繁地被變更。當然，也有不可預測的事項，但是如果沒有某種程度的預期，行程就會漸漸地崩壞。

例如，雖然要會議按照預定的時間結束，但大部分都會超過預定的時間，如果無法預期，就必須變更之後的行程。

製作資料和企劃書一樣，如果無法預測自己的能力和作

不要做敷衍的預測

希望那份資料盡可能早點提出……。大概還要多久時間？

無法掌握自己處理能力的B先生

「明天之內提出」

資料製作的時間好像還要兩個小時，就這樣交出去好了，不然弄到晚上也弄不完。但是，要確認資料的上司正在出差。這才發現時間來不及，只好跟對方聯繫，和上司或前輩討論等對策。

能夠掌握自己處理能力的A先生

「再2天的時間，就可以提出」

A先生的安排是

資料製作（三個小時）
↓
提給上司並確認（一天）
↓
修正（30分鐘）
↓
完成

資料製作的時間、確認關係人的時間、修改的時間都事先看準，若是提早完成，也能提早讓確認者收到。

從失敗中得到教訓！

無法按照預定的計畫進行，趕不及在期限內完成，請周圍的人伸出援手，然後安然度過，大家應該都有以上這些經驗。因為沒有經驗，不了解自己的實力，所以才會失敗。
重要的是從失敗中學到什麼，痛定思痛，反省事情發生的原因，訂定行事曆，不要再犯同樣的錯。

業時間，應了解大概需要花費的時間。每次都會像這樣變更預定的行程。要預防時間的浪費，進行過程中不要有例外。

26 設定詳細的目標

不要到了截止期限前才衝刺

「確實的踏出每一步」才是成功的要道

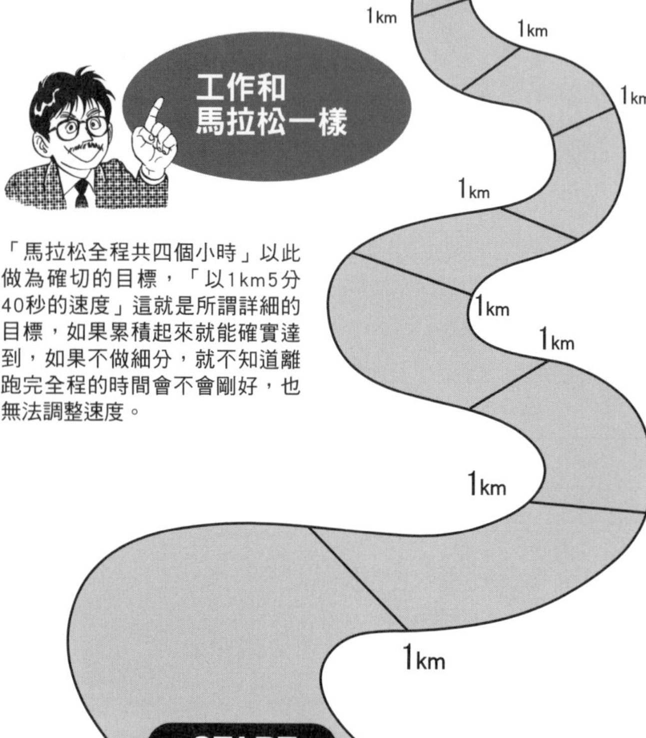

「馬拉松全程共四個小時」以此做為確切的目標，「以1km5分40秒的速度」這就是所謂詳細的目標，如果累積起來就能確實達到，如果不做細分，就不知道離跑完全程的時間會不會剛好，也無法調整速度。

很多人會用在火災現場才會出現的蠻力，趕在期限內完成任務。這種最後衝刺的情況做得好的人也不是沒有。

但是，沒有經驗的人不要期待會有這樣的能耐，沒有把握的話，就不要賭過頭。將領薪水的工作和自己的夢想跟目標當作賭博遊戲的人，實在不怎麼聰明。像這樣一開始就沒有計畫性的人，也就不需要記事本了。

無論是工作或目標，若想要達成就一定要按部就班，才能提升成果，所以要仔細設定期

限和目標，然後將它們累積起來，細分一年內的結案日、這個月的結案日、這週的結案日等，如此一來就很容易達成。

挑戰馬拉松的時候，初學者一開始就參加全程馬拉松式有勇無謀之人，從慢跑開始，然後參加十公里馬拉松，半程馬拉松，漸漸提升難度比較好。

悄悄地將結案日提前

任何工作都有期限，為了不想被期限追趕，所以提前一天完成。要達成目標擠出時間，可以設定自己的結案期限。

將期限設定得比原先預定的結案日早，並且確實遵守，如此便能從容的進行，即便遇到突發狀況，也能保有彌補的時間；若能順利進行，多餘的時間也能自由運用。

27

在行事曆中取得多餘的時間

不要讓「慢性疲勞症候群」打擊到認真的你

經常發生這樣的狀況

突發事件
因為交通事故，無法在約定的時間內赴約，或是緊急將預定的時間提前等。

變更預定計劃
和對方約好的時間，因為對方剛好有事要變更時間，或取消預定的行程。

被上司召喚
經常發生在忙碌的時候，或是在用餐時間，接到傍晚去小酌的邀請。

會議被延長
開會和討論的開始時間晚了，或是超過預定的時間結束。

接到電話
要出門時，剛好接到話多的客戶的電話。

因此未完成的工作

形成壓力

訂立管理行事曆，不只是為了讓工作順利進行，也是為了保護自己的身體狀況。

因為預定的事項就是未定的事項，所以一定有人是不管別人的安排，而橫行插入工作事項的，這時候的行程如果安排得非常滿，就無法緊急變更，所以請不要抱著必死的決心來完成。持續這樣的狀態，就會讓身心充滿壓力，形成慢性疲勞，一失去彈性就很容易斷裂，就像方向盤如果沒有預留轉動的多餘空間，就很容易發生危險，行程表也是如此，

時間管理的重點

「因為對方的關係改變預定行程」

1

事先安排計劃，當對方無法按時間赴約，便可依照此計劃進行。

2

有可能超過預定時間的情況，也要能從容地傳達下一件預定的行程。

3

面對突然的邀約，以「下次可以嗎？」回覆。

有對象的狀況，安排行程以充裕為前提，即使是已經約好的時間，多少都有變更的可能，遇有狀況的話，就能立刻進行第二或第三備案。

「因為自己的關係改變預定行程」

1 正確的把握自己的處理能力
2 仔細確認預定事項的消化狀況
3 預定的行程之間要有空隙

有效利用早上的時間，早早行動可以拉長一天的可用時間

安排寬鬆的行程，製造更多的時間。增加時間的方法很多，例如加班，但是從傍晚到夜晚也常會有突然插入的事務。可以把開始的時間往前挪，這是從古至今成功的工作者的通則。

上班時間是九點開始，就提早九十分鐘開始，最需要動腦的工作請安排在上午，因為這九十分鐘是自己的時間，可以持續集中，自然下午的事務也會比較輕鬆。

一定要預留轉圜的空間。若有餘裕才能減少處理突發狀況的焦慮感；從容行事可以提高評價，且依照預定的行程順利進行，也能獲得補充元氣的時間。

28

有效活用零碎時間

事先準備可以被分割進行的作業

MEMO
□經費預算
□下載M公司的目錄
□整理資料
□收集新產品的資料
□企劃標題5件
□剪報作業

□購買襯衫
□預定歌舞伎的票
□確認書店
□乾洗交貨
□擦皮鞋

區分範疇

比起無秩序定排，按照範疇分類就很方便。可以運用範圍、顏色做區分，還能利用分類整理頭腦。

附上索引，很快就能翻開記事本的應做清單的某個頁面。

以內容分類

根據內容分類。工作和工作之間的小空檔，用來處理自己感興趣的事，能夠轉換情緒。

例如

與工作有關的事情
與家庭有關的事情
與興趣有關的事情

以場所分類

以在哪裡處理來分類，因為資料的關係，只能在某些特定的區域作業的工作。

例如

在辦公桌上作業
外出的情況下處理
在家處理

以需要的時間分類

若可以了解這項工作需要花費多少時間，面對空檔也能選擇處理的作業。

例如

十分鐘內可完成的事情
三十分鐘內可完成的事情
一個小時內可完成的事情

提早上班也好，加班也好，如果不懂得利用短短的五分鐘、十分鐘，永遠都覺得時間不夠用。

成功不管再短的時間都能好好活用。因為他們知道雖然這些是短暫的片刻，卻會製造出日後大大的時間。

例如，比預定早十五分鐘完成工作時，就去做可以活用這個時間的工作，像是預估經費，或是整理名片，用來打一通電話也是非常充裕的。

像這種時間可以被細切的工作也列入應做清單的話，就不

恢復元氣，下面的會議也能更有精神去處理。

是啊！可以消除疲勞，但實在是滿痛的。

陷入混亂的時候，或是壓力過大的時候，可利用空檔轉換氣氛，因為壓力管理也是非常重要的。

用擔心事情做到一半。即使是運動界，也將零碎時間的價值創造出勝利的契機。請先決定自己的零碎時間的使用方式。

立刻寄出謝卡是很有效的

要寄給去拜會的客戶或是回覆謝卡等，速度是決勝點。為了立刻寄出，將明信片和郵票夾在記事本中，等拜訪完順便到咖啡店並寫謝卡，然後投入郵筒就可以了。只要花一點點的時間，就能將零碎的作業事先準備好。

29

依照自己的時間來安排

會安排行程的人，工作上也不會有問題

要使用哪一種方式呢？

會話例A

對方：那就見一次面吧！
自己：我下週的15、16日下午，或是18日的上午都可以。您哪個時間方便呢？
對方：恩……16日的下午2點之後，或是18日的上午都可以。
自己：那麼約在16日下午2點半，您覺得如何呢？
對方：16日下午2點半呀！沒問題。
自己：那就麻煩您了。

先提出自己方便的時間，多舉幾個時間，不是強迫對方，而是循序漸進的取得約訪的時間。

會話例B

對方：那就見一次面吧！
自己：您接下來哪天方便呢？
對方：7日的下午如何？
自己：7日下午……，不好意思，那天我有約了。
對方：這樣啊！8日呢？
自己：非常抱歉，8日也不太方便。
對方：啊！那麼就下次再說了
自己：但是我8日的下午可以，您方便嗎？

如果不從自己這邊先提出可以的時間，就只能任憑對方決定，時常很不巧剛好沒空；若一開始就能提出意見，也能幫助對方做決定。

很多人不太能依照自己的想法來安排行程，以約訪為例，很多人都硬是將約訪塞進行程中。

要解決這些問題的方式只有一種，那就是向對方提出自己的要求，這不是指無理的強迫別人接受，而是以聰明的方式來誘導對方。

請參考上面的對話範例，成功的勸誘，讓自己握有主導權；如果不行，就只能順著對方的方式進行。因為浪費等待的時間和不必要的加班，結果會是假日也得來上班。在工作

那麼20日或21日您方便嗎？

好的！那麼1月20日的下午1點恭候大駕。

上可以有效管理時間的人可以占上風。控制時間就是擁有自己的主導權。

空下來的時間要非常明確

雖然打算等空檔的時候再來處理這些待辦事務，但是沒有確切安排在哪個時間；然而，雖然行事曆上是空檔，卻也不確定是否真的空下來了。所以徹底預定這些待辦事項的處理時間也沒關係，應該處理的事務，盡可能都排進行事曆中。

守時是最底限的規則

遲到五分鐘或十分鐘，大概沒有人會有怨言，但這並不代表遲到是被允許的，所以一定要確實確認記事本上預定的事項，並嚴守時間。

自己的時間很重要，同樣地也不要浪費對方的時間。

30

故意預定候補事項

如何利用行程突然變更而空出來的時間

預定兩、三項候補事項

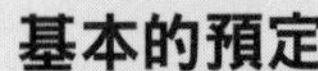

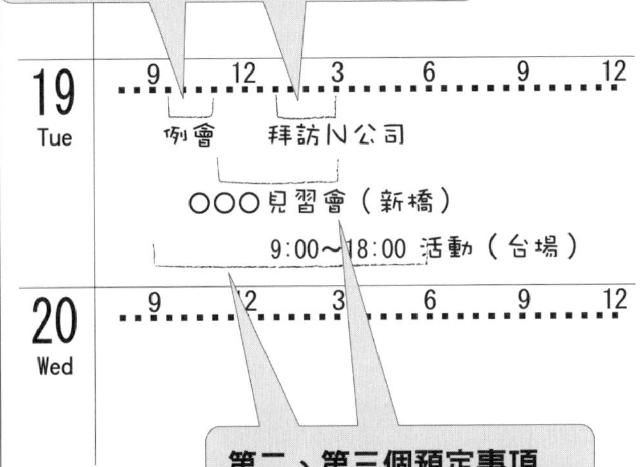

有時難免會發生行程變更或突然取消的情況，這個時候不要讓空出來的時間就這樣浪費掉，推薦一個方法，就是預定候補事項（OVER-BOOKING）。

行程有先後順序，而約會是綜合兩方的時間，所以一定要列為第一優先考量，但是座談會、展覽會或派對等有某種程度的應變之利。

除了應該第一優先排入的行程，因為有可能變動，還要排入第二和第三個行程，這樣一來當第一順位的行程有所變更，也能立刻反應。

PM 3:00

拜訪N公司

預定就是未徹底決定，第一優先考量的約會若因為對方變更或取消約會，或是比預期還要早結束。

若預定事項被變動

活動視察

為了不要浪費空出來的時間，可以安排第二和第三順位的行程，如活動、展示會和派對等，或是私人的行程也都沒關係。

變成閒聊和自我推薦的材料

記入第二、三順位的預定事項，除了可以有效活用時間，還有其他使用之道。如「今天那裡有什麼樣的派對」，作為與客戶閒聊的話題，當比預計的時間還早結束，也能約客戶一同前往。給自己的社交面和情報收集力，無形中有加分的效果。

以去和不去做分別，眼光放遠一些就能事先準備，並有效活用時間。

31

製作理想的行程表

確立理想的工作風格

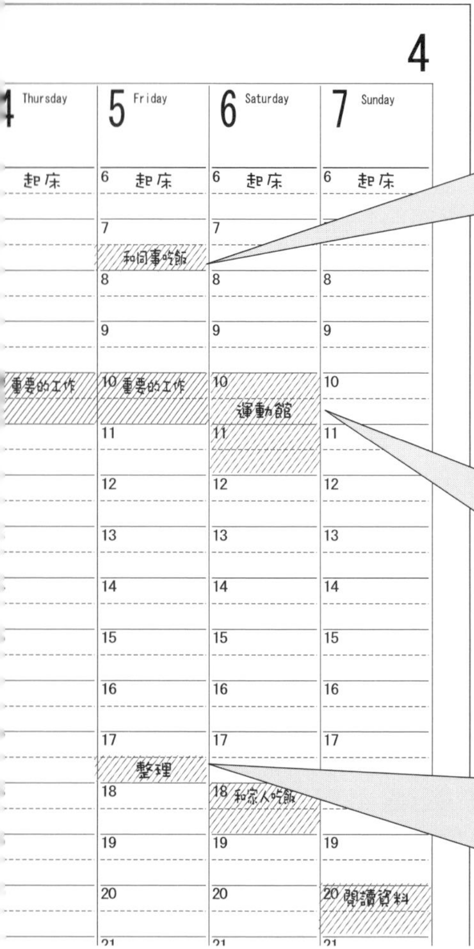

和同期的同事一起吃早餐

每週五開始作業前，和同期的同事一起吃早餐，交換資訊。

游泳

為了維持體力和健康，週六上午到運動俱樂部游泳，然後和小孩一起度過。

整理桌面，整頓資料

休假前一定要整理辦公桌和資料，並將要查詢的資料和想要理解的事情記下來，利用週末來整理。

每個人都有理想的生活風格，應該也有很多人充滿幹勁地安排工作，私人行程也很充實，想像自己是個非常有活力的人。千萬不要覺得害羞，將自己理想的樣貌描繪出來，人生就會充滿動力。

但是可別忘了去想像，如果想要實現，就一定要去行動，並且經常跟自己溝通。

記事本應該是用來記錄將來的夢想跟目標的，所以為了實現理想的生活，試著把它寫在記事本裡。

以一天、一週或一個月為

20XX 4 APRIL

以單週為例

WEEKLY PLAN	1 Monday	2 Tuesday	3 Wednesday
	6 起床	6 起床	6 起床
	7	7	7
	8 練習企劃	8	8
	9	9	9
	10 重要的工作	10 重要的工作	10 重要的工作
	11	11	11
	12	12	12
	13	13	13
	14	14	14
	15	15	15
	16	16	16
	17	17	17
	18 和家人吃飯	18	18 英文會話
	19	19	19
	20	20	20
	21	21	21

企劃練習

將每週一的早上設定為企劃思考的時間，思考週末收集到的資料。

完成主要的工作

一日之中最重要的工作，盡可能在中午前完成。

參加商業英語會話教室

週三晚間，為了提升技能，去訓練自己的商業英語會話。

6點起床，12點就寢

為了健康，所以要確保睡眠時間，請不要過著夜晚熬夜、早上勉勉強強起床的生活。

單位，規劃出理想的行程表，所以為了更接近理想，就要很努力地去做。外觀先達到也不錯，因此將自己套用到這個理想的形狀當中度過每一天。

規劃理想的單月行程表

排入適合自己的理想生活，和單週行程表相同，試著規劃單月標準行程表，管理工作的進行、預定的行程、例會、讀書會、座談會，或去學習有興趣的事等都可以排入；此外，還有陪伴家人的時間、茶會或是活用週末的時間等。

32

利用歸檔讓舊的記事本變成寶藏

一直放著就會變成沒用的垃圾

活用已經用完的記事本

自我啟發

記錄著為了達成目標，知道自己做過什麼事情，最好的自我啟發就是可以發現自己的優點和該反省的地方，如果明白受挫的重點，有助於下次加快步伐。

資料檢索

過去會晤過的人物、出差拜訪過的地方、住過的旅館、接待客戶的店家、高爾夫球場等以自己的行動為基礎所調查的資料，還可用來確認上司和顧客的生日。

使用手冊

因為過去進行工作的方式都記錄在記事本中，所以可做為使用手冊，因為知道成功的事項和失敗的事項，不只是為了自己，指導下屬的時候也可以拿來參考。

比較、檢討的資料

可用來了解工作進行的方式、行程表的排定方式、預算管理、那個時候做過什麼事等，過去的記錄都是很大的提示，還可以確認每年的變化和現況做比較。

每年都要更換記事本，裝訂成冊的記事本冊數，和活頁式記事本的內頁，都與日俱增。

對於舊記事本的處理方式，有的人就只是收起來，有些人累積數年後再丟掉，有些人的記事本是祕密，因為記事本上記錄很多個人資料和日記，有的人則是常常翻閱。

但是，請想想，舊的記事本記錄著厚厚的資訊，如自己的目標、工作行程、資料MEMO等，記載著這一年內自己做過什麼，所以舊的記事本是一座寶山，可以看見並明白那時候

成功人士的歸檔方法

歸檔商品

分類索引

便於以年做為分類或是以MEMO內容來分類的時候使用。

檔案盒

保存從記事本上取下來的內頁的箱子，各式各樣的種類、大小，有塑膠製，也有紙製的。

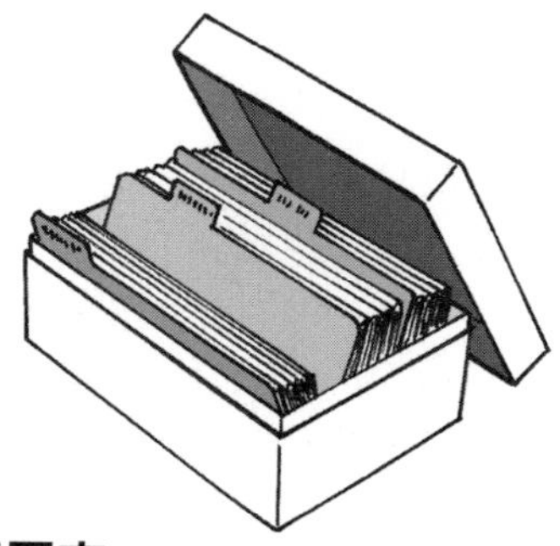

活頁夾

可靈活運用歸檔用的活頁夾，有可以大量儲存的寬徑活頁夾，也有用於一時保存用、直徑較窄的活頁夾。

裝訂成冊的記事本

在書背上貼上醒目的年份，每年用不同顏色的封面方便辨識。

活頁式記事本

1 保留

下次補充內頁的時候，先將一定期間內的資料從活頁夾取下並集結起來。

2 資料的取捨

存放的行程表、MEMO、會議記錄等，全看過一次，不需要的資料就在這個階段丟掉。

3 分類保管

行程表、應做清單等，每種類分別保管，並加上索引，便於日後查閱。

致勝跟失敗的原因等。

整理舊的記事本且保管於身邊就夠了，當遇到困難的時候，可以拿來翻翻看，應該記錄了一些有用的訊息。

33

記事本的記錄減少無謂的行動

以舊的記事本自我分析

以一週和一個月做為分析的單位

分析資料是必要的，對於自己做過的事情和參與過的活動等，寫下感想的習慣，這些可做為日後進行判斷的基礎。

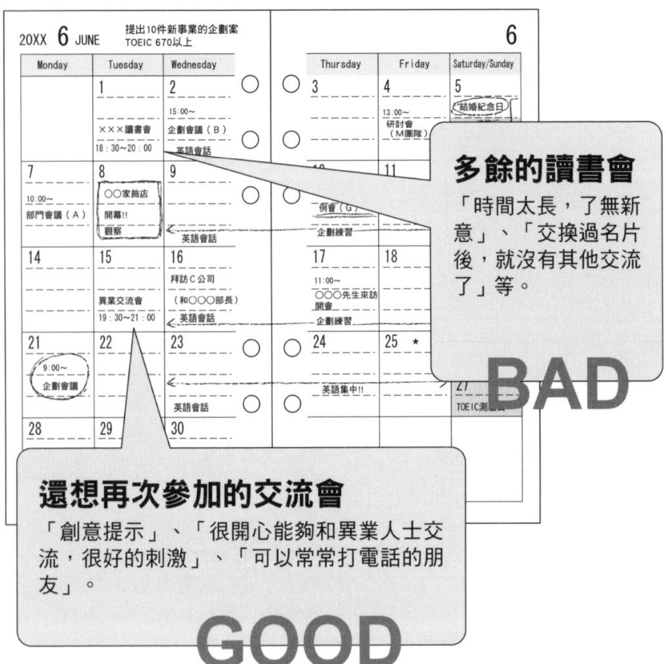

一天二十四個小時，一年三百六十五天，大家的時間都一樣，但還是可以分為一直被時間追趕的人，和不被時間追趕的人。客觀來看，比自己還忙碌的大有人在，但是也是有人過得悠閒且從容，到底是什麼樣的差別造成這個原因呢？

重要提示就是自己過去的記事本。

一年前的記事本也好，現在使用的記事本中，兩、三個月前的部分也好，請先翻開來看看，然後分析過去在記事本上記錄的行動，哪些是沒有必要

檢查行動的類型

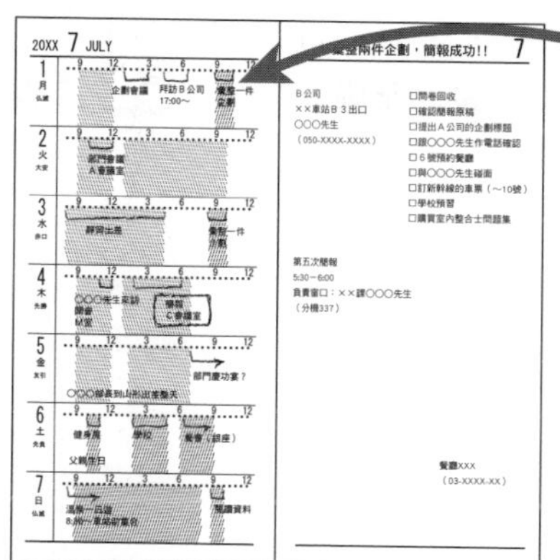

以顏色區分做分析

根據自己理想的狀態平均分配公事和私事，以顏色區分比較，檢查是否平均分配。另外，為了自己的目標應該做的事情、為了健康應該做的事情，改變觀點來分析看看。

檢查範例1

公事ＶＳ私事

是否有偏向公事，有的話就不要再忽視了，比較一下和自己的理想狀態有沒有不同。

檢查範例2

事務性質ＶＳ營業性質

辦公桌上的事務增加，外務性的工作是否減少了；或是，是否為了工作減少運動的時間等角度都可以。

檢查範例3

應該做的事ＶＳ想要做的事

是否犧牲了想要的事情，而僅處理工作的事情？反之，工作上有沒有馬虎的地方；還是檢討看看是什麼原因，減少了想要做的事情。

的呢？

過去的行動應該有「這個茶會時間是多餘的」、「公司聚餐後的活動是不需要的」等，還有，請不要再發生結婚紀念日和小孩的生日放了家人鴿子等這些犧牲私人行程的理由。

過去的記事本裡，存留著自己的成功與失敗。從中擷取經驗，如此一來，減少因為無謂的行動所浪費的時間，養成思考現在為什麼要做這些事情的習慣。只要停止被引誘和惰性的行為，時間自然就會多出來了。

34

和前年比較，提早預定，減少延遲

舊的記事本是寶貴的經驗

和過去的記事本比較

●銷售業績、營業業績

確認一整年的實績，如有變化的部分和原因，可以建立對策。

●庫存管理和補貨時期

做為庫存的適度量、決定補貨的時間點的參考。

●活動行程

查看商品銷售等時期和結果，有助於在適切的時機做判斷。

●交易方的營業時間・時期

年末、年初等，知道對方大概會有什麼活動，簡單預定行程。

這時候

舊的記事本不只適合用來自我分析，記事本的大半是為了工作而使用，有很多是工作上可利用的資訊，可利用價值非常高，所以一定要拿來用。

前輩有長年的經驗和知識，新進的菜鳥就沒有這些優勢了。要製作符合自己的使用的手冊，就拿出以前的計事本來分析。

即使是銷售業績、或是自己的業績，都可以藉由自己過去的記錄，找到某個時刻的業績數字，看是提昇還是下降。

利用之前記事本的記錄，查

確認去年的記事本

・11月第2週～／販售商品的疑問
・11月的最後一週／B 公司開始銷售
・11月25日／我們公司開始銷售

去年開始銷售之前，有許多種問題存在；此外，競爭對手也在同一個時期開始銷售，活動上一定要先發制人，所以今年應該要更早進行比較好之類的預測。

德永先生，去年從11月開始，就陸續有客戶詢問活動商品。
今年的銷售時間提前兩週開始吧！

詢好轉的時期發生了什麼事，還有沒有什麼事情是造成失敗的理由。

另外，活動或企劃也能藉由過去記事本上的記錄看出，如人員配置是否太遲、安置了無用的人力等缺失，這是專屬於自己的寶貴經驗，跟過去的自己學習。這就是經年累月的自我式使用手冊。

試試看，當和去年相似的活動展開時，以去年的記事本一起進行驗證，從中找出成功的要訣，並將此要訣活用在日常的行動中。

想要用記事本詳細管理資訊，
領先別人一步，請繼續看
PART 4。

△△物產的星先生，明天開始去仙台出差，可以提供值得推薦的牛舌店的清單。

●周遭的人的回覆

「記事本內要放什麼資料呢？」

回覆「路線圖」、「年齡對照表」的人最多，還有「各部門、集團公司的聯絡方式」（因為是公司提供的記事本）、「喜歡的店家清單」等意見。

有關路線圖等固定的資料和不同於別人的原創資料，請見第114頁。

Part 4

用記事本讓工作達到最高效率

35 以筆記展現工作力

活用備忘頁，自己和對方都安心

把這類的事情記下來

行事曆

約訪的日期、繳納的期限等重要事項。

備忘錄

研討的內容和應該準備的資料、文件，還有客戶資料。

靈感

企劃書的點子或提示等。靈機一動的關鍵字也OK！

使用手冊

工作上想到的程序和預算管理，或是OA機器的操作方法等。

研討會或會議中，對於不做任何筆記的聽講者，你有什麼樣的感想呢？當然不會覺得他們「好厲害喔！都記在腦子裡不用筆記」，反倒會直覺性的認為「有沒有好好的聽進去啊？」

如果自己會這麼想，別人也一定會這麼認為，所以筆記所扮演的角色，不單單只是備忘錄，重要的是在構築某種信賴關係，因為做筆記會讓對方覺得有把自己的話聽進去的真實感，所以抱持著某種信任感。

不可有「之後再寫」的想法，馬上寫下重點

附上標題

「A社B商品的繳交期限」等，像這樣才知道這是關於什麼的筆記，如果不加上標題，就會有不知道跟誰講過什麼事情的混亂情況發生。

詳細標記數字

時間和數字的正確性非常重要，所以要小心的標記，為了避免難以區別的表現方式，可使用中文數字與阿拉伯數字做區分。

一件事一張便利貼

對於筆記用紙千萬不要小氣，因為之後可能會直接貼上，所以不要在正反兩面上都標記事情，也不要很多件事情記在同一面上。

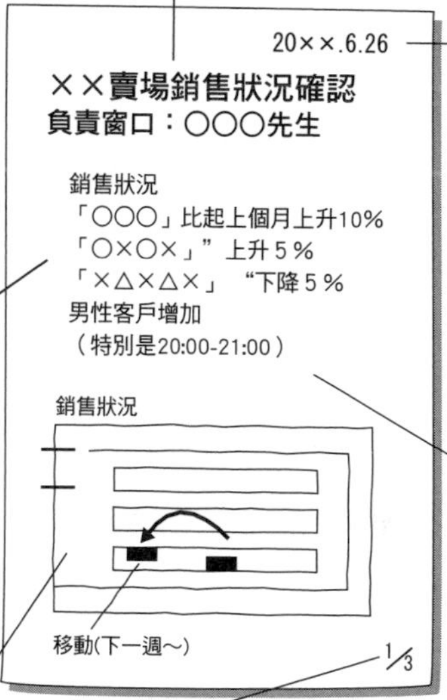

20××.6.26

××賣場銷售狀況確認
負責窗口：〇〇〇先生

銷售狀況
「〇〇〇」比起上個月上升10%
「〇×〇×」"上升5％
「×△×△×」"下降5％
男性客戶增加
（特別是20:00-21:00）

銷售狀況

移動(下一週～)

1/3

附上日期

就可以知道是何月何日寫的筆記。

條列

之後回頭確認時，事情因為糾結在一起而不容易搞懂，所以一邊記筆記的時候，就要一邊整理思緒。

立刻寫上

聽到什麼立刻紀錄下來是一件很重要的事情，特別是有時間和金錢等數字的時候，要一邊確認一邊記下來。

加上圖表

有圖表跟插圖比較容易理解，附上引線加上說明，就更容易懂了。

編輯頁碼

筆記張數超過一張時，有必要編上頁碼，雖然很麻煩，但要養成加上1/5、2/5……等號碼的習慣。

當然，做筆記也一定會充分地反應在工作上，但也不要因為做了筆記，就忘記截止期限，或是弄錯要求，這樣就太離譜了。不要為了做筆記而做筆記，而是學習如何找到記錄的重點。

36 連結筆記和預定表

只是「記下來」沒有意義

區分筆記類別

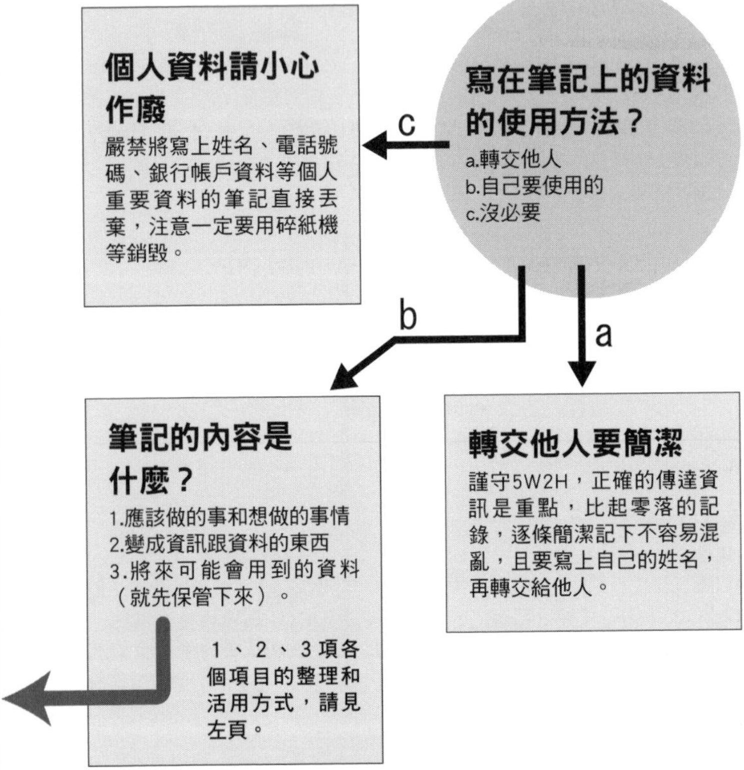

寫在筆記上的資料的使用方法？

a.轉交他人
b.自己要使用的
c.沒必要

c → **個人資料請小心作廢**

嚴禁將寫上姓名、電話號碼、銀行帳戶資料等個人重要資料的筆記直接丟棄，注意一定要用碎紙機等銷毀。

a → **轉交他人要簡潔**

謹守5W2H，正確的傳達資訊是重點，比起零落的記錄，逐條簡潔記下不容易混亂，且要寫上自己的姓名，再轉交給他人。

b → **筆記的內容是什麼？**

1.應該做的事和想做的事情
2.變成資訊跟資料的東西
3.將來可能會用到的資料（就先保管下來）。

1、2、3項各個項目的整理和活用方式，請見左頁。

上一頁提到，不要為了記筆記而記筆記，所以如果各位只是無意識的記錄著，或只是因為做筆記是一種商業禮貌，那根本就不會進步。

而且做筆記不是一項工作，而是要為了工作而做筆記。因為做筆記會反應到工作上，所以如果不懂得活用，也只是在浪費紙張。

做筆記一定要確認，然後區分必要的資訊，接著，將這些資訊與記事本連結並活用，這才是筆記的正確使用之道。

自己活用筆記的情況

應該做的事情和想要做的事情的筆記

1 和行程表作連結

- □完成A公司企劃書
- □整理B公司的資料
- □慢跑
- □參加座談會

記錄在「應做清單」（應該處理的事務）的清單

應該要處理的事項和想要做的事項，但又沒有訂定要在什麼時候處理，可以先記在「必做清單」，接著決定優先順序也是很重要的動作。

記錄在行程表裡

會議、研討或是約訪等的時間，可先記錄在行程表裡。

成為資訊跟資料的筆記

2 保存日後也會經常使用的資料

替換內容頁

如果是活頁式記事本因為可以移動內頁，所以可以先替換必要頁面的作業（如工作說明頁或是記錄靈感的頁面等）。

和日期作連結

作為會議、研討會、約訪等的資料，在當日的頁面寫上日期，之後寫在便利貼上的筆記也可以直接貼上。

先保管下來的筆記

3 一定時間的保存後，再做確認跟整理

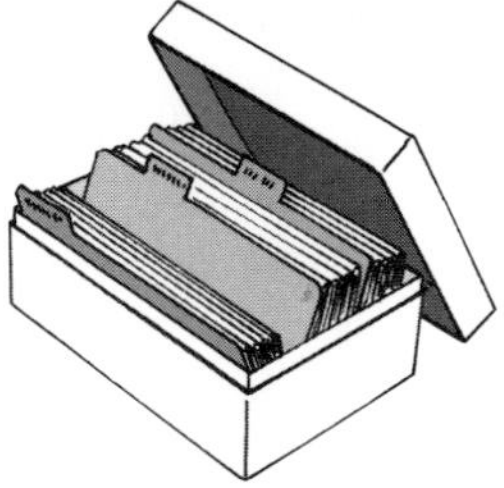

自己設定一段時間，將保存在記事本內的資料再次確認，已經不再需要的資料就丟掉，必要的資料就再保留，如果是活頁式記事本，也可以將這些資料轉移到保存用的盒子內。

37

依照時、地、事做筆記

不管何時何地都可以很活躍

POINT1 將筆記分散到各地

除了記事本的備忘頁以外

辦公桌上　電話旁邊如果有留言用的便條紙就很方便

辦公桌的抽屜　大開本的記事本兼筆記本，可在會議的時候使用。

公事包　即使夾雜在資料中也很容易尋找，最好是有顏色的便利貼。

口袋　小型的便利貼和N次貼的便利貼也很方便。

不管在什麼地方或是什麼時間取出記事本，不一定能馬上翻到自己要的頁面，因此一定要習慣隨身帶著筆記用紙。

例如，座談會和演講會等，若要以做筆記為前提，報告用紙或是筆記本都是可以派上用場的。但是，像是「立食派對」這樣的情況，因為會寄放包包、外套，或是對於公然做筆記有所顧慮等的狀況，選擇能夠藏在手掌心內的大小就很方便。

請記住通常覺得用不著筆記的時候，剛好都會需要用到。

POINT2 選擇方便使用的筆記

版型

尋找便於使用的類型

市售的筆記用紙樣式很多，有用於電話留言、會議記錄、商談、客戶專用等樣式的印刷，也有空白跟橫線等。

尺寸

依照用途，備齊各個尺寸

事先準備好可放入西裝口袋如名片大小、明信片、B5、A4等各種大小的筆記用紙。

機能

尋找便於使用的類型

便利貼或是有複寫功能的筆記，都很省事，因為筆記上附有背膠，可輕易更換。有複寫功能的筆記，一張攜帶用，另一張用來保存，作為給別人的留言也非常好用。

顏色

顯眼且方便區分

可用顏色區分公事和私事，分類起來非常方便，且重要的事情就用紅色或粉紅色這類顯眼的顏色，自己可決定使用的規則。

可以依照用途考慮大小和顏色，準備筆記用紙，雖然這樣很費事，但之後可以省去很多作業，所以做筆記的時候，一定要思考這個筆記下次會如何使用。

不只是紙張，還可以活用錄音筆

將要事錄進小型的數位錄音筆，還可在螢幕上看到畫面的方式，這也是一種筆記術。

同樣地還可以利用手機或家用電話的答錄功能，即使行動中也可以一邊以單手操作，讓手邊的工具得以充分活用於筆記上。

POINT3 便利貼的筆記轉記功能，預防遺漏

因為從筆記將資料轉記到行程表的時候，如果有這些功能就能預防預定事項和電話號碼在轉記時，不小心抄錯數字，也可以減少轉記的麻煩作業，所以很推薦附有背膠的記事產品，像是進化後的便利貼（POST-IT就是非常有名的產品）。當然可以放在辦公桌上，但如果事先準備於記事本中，作為隨身攜帶使用的筆記紙，更能提高它的利用價值。

根據使用的方式決定筆記的樣態

當作記事本使用

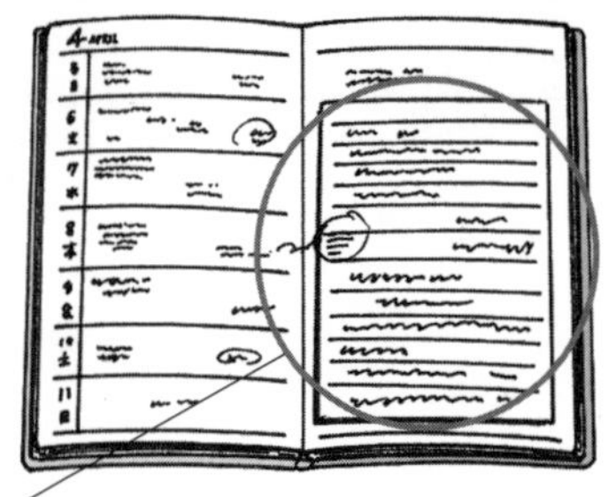

取代記事本可以帶著走，之後再轉貼到主要的記事本上也很方便。

作為便利貼條使用

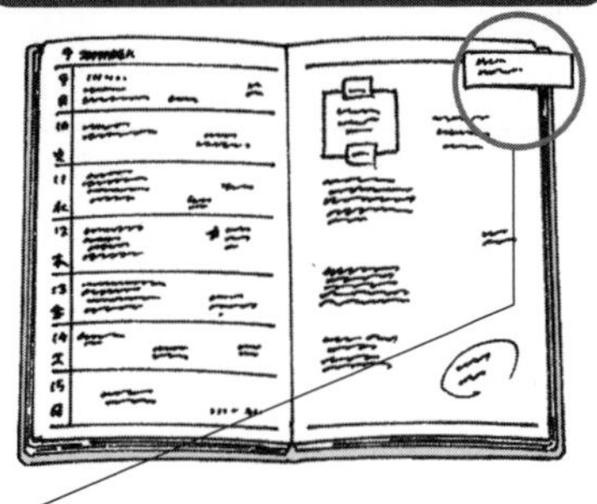

記事本中重要的事項，以便利貼條醒目的標記，或是當作索引使用。

重點處的使用

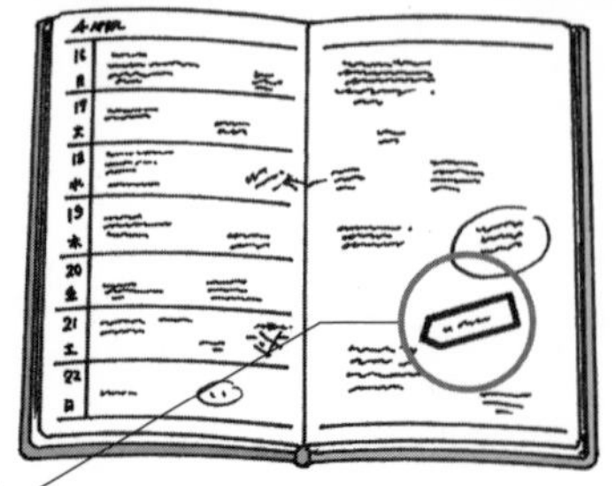

透明的便利貼條貼在地圖或資料上，醒目地標示出重點，或是用於集中目光。

作為筆記本用

可以解決因為記事本很小，或是筆記欄位空間不足的問題，由於很簡單就可以撕下，所以也可以直接貼覆在文字上面。

在辦公桌周圍貼上便利貼條，並寫上筆記，工作完成就撕下來，
這種方式一眼就可看出剩餘的工作量。

使用各種種類的便利貼來區分

大小、色彩、形狀

大小從作為索引用的小尺寸到記事用的大尺寸；形狀有長方形、正方形、圓形和標示箭頭等形狀等；顏色由深色到粉色系等種類多樣。

有分隔線的格式

印有分隔線、電話memo、傳真用紙等的格式。

素材

除了紙張以外，還有投影片材質，因為是透明的，所以可以透視底下的文字，醒目的顏色還可以當作索引或是書籤用。

黏著力

除了撕貼方便的一般類型，還有強力黏著力的類型，不容易掉落。

38

寫下湧出的想法

若能活用記事本，企劃案源源不絕

寫下關鍵字

聊天
和同事、朋友閒聊的東西，演講會的內容，電視播放的對話，喜歡的事物等都先記起來。

流行
有意識地觀察現今流行的是什麼是非常重要的，可寫在紙上並重新思考發現流行趨勢。

新聞和雜誌
將有趣的報導，喜歡的關鍵字筆記起來，或是剪貼到記事本上。

街上
在街上看到時髦的店面展示的物品、流行商品、音樂和食物等新的資訊，有興趣的就記下來。

目的不在保留

這些關鍵字，一方面會因為收集而增多，另一方面，這些關鍵字本來的目的是為了活用在新的企劃案中，所以每過一段時間就要重新確認，請參考第94～95頁的整理方法。

新商品、行銷企劃和活動等相關工作，常常需要新的點子跟想法。

但是，坐在辦公桌前卻怎樣也想不出新的想法，然而卻在處理其他事情的時候突然想到，或是外出的時候，看到什麼東西而閃過的想法等，總之，這些都是不可預知的。

為了不要錯失這千載難逢的機會，這時候就可以將這些關鍵字記錄在隨身攜帶的記事本或筆記本上。

此外，即使是無意中寫下的筆記，也可能產生點子，所

以記事本想出點子的實例

明年的夏日祭典中，讓社員們穿上印有公司徽章的浴衣如何呢？

經由關鍵字思考

利用記事本上記錄的靈感練習創意。如右圖表，可以一邊圖解一邊思考也很好。

經由行程表思考

配合季節的活動或是預先看到季節的活動、客戶的創社紀念日等的提示，還可以使用月曆上的農民曆和紀念日來思考喔！

經由資料思考

銷售單據等數據類資料是創意的寶庫。分析數字上升或下降，就可看出一些端倪，還有從通訊錄的地名和地址來思考地域的特徵等，都可作為創意的提示。

以，翻開記事本看看裡面記錄的行程、通訊錄等各種資訊，說不定可以想到什麼。

千萬不要忘記記事本上所記錄的資訊是創意的來源。

記事本是名著的泉源

福澤諭吉將他的記事本介紹給日本人，這是一本在巴黎購買的記事本，裡面記錄了他在歐洲的所見所聞，這些記錄就是《西洋事情》等著作的根源。

以《人間失格》和《斜陽》聞名的太宰治，他的記事本也是這些名著的執筆記錄。

39 記事本的收納量要高

因為要隨時帶著走

將尚未結案的案子的相關資料、進度表和討論中的企劃書等，縮小到記事本般的大小，摺起來夾進記事本中，就可以隨時確認也可以帶著走了。

推薦記事本的外皮

裝訂成冊的記事本，即使是很簡單的款式，加上附有收納袋的外皮，也是增加收納量的方法，除此之外還能避免污損或折到書的角。

記事本也要具備某種收納量，通常會放只有需要帶著走的東西，大多像是收據、報章雜誌的簡報、票券等物品，但是，記事本內所夾帶的東西也會有突然掉落遺失的困擾。

所以提到收納力，活頁式記事本兩側要有口袋和透明收納夾，而裝訂成冊的記事本，可利用橡皮筋防止夾帶在記事本中的資料滑落。下一點工夫，可以讓記事本的收納量增加，但是要隨時整理，不要讓記事本過於膨脹了。

活用式記事本的收納力高

卡夾

方便收納火車月票、捷運卡等東西，也可以放入一張電話卡。

迴紋針

夾帶筆記紙，或是當作書籤使用都非常方便，可以放兩、三個作為常備之用。

小側袋

備份用的名片或是活頁孔的補強貼紙（參照第49頁）等。

透明收納夾

可以放入透明收納夾和口袋所以很便利，還可作為簡報、票券和收據等的保管。

筆插

有記事本當然要有筆，附有筆插的記事本最好，因為最好放上兩支左右的筆，所以也可以放形狀扁平的筆。

千萬不要放入貴重的物品

信用卡、提款卡、現金和商品兌換券等，盡量不要放入或夾在記事本內，像是高鐵和演場會的票都是可以變換現金的東西，盡量不要放在記事本內。

工作約會兩相宜

40 記事本中追加自己方便使用的資料

等候客戶或是突然要約吃飯的時候，如果不能介紹一、兩家不錯的店家是不行的。

記事本上記錄一些平常自己累積的資訊，如商品折扣資訊等，這就是自己可以出招的牌，所以最好事先製作「我最愛的店」清單。

談生意需要安靜的茶館或是可以上網的網路咖啡店、商務中心等，能應付突然需要提供合適的資料，且會提高別人對你的評價。

有的話就非常便利的頁面

年齡對照表

如果有西曆與民國換算年齡的對照表，查起來很便利。

乘車路線圖

大都市公車和捷運的轉乘方式較複雜，所以可以準備乘車路線圖。

電話卡

除了交通機關的窗口、航空公司等的售票資訊和道路交通資訊等，主要的政府公家機關電話一覽表等，如果需要查詢就非常方便。

世界時差表

記錄著和世界主要城市的時差，需要撥打國際電話或是海外出差的時候都很便利。

其他還有國內郵資表、匯率換算表、時節祝賀一覽表等，各式各樣的資料。

企業和業界使用的記事本

還可放入特定業界跟企業的資訊，這是市售記事本所沒有的。

如分公司的通訊錄、同業各公司的通訊錄、相關企業的聯繫方式，還有滿載的業界資訊等，業界以外的人要取得這些資料是很困難的，所以在他們看來是非常有魅力的。

還有，雜誌的附錄和有興趣的資料，也是豐富記事本的根源，如食譜、釣魚資訊、高爾夫資訊等獨一無二的資料。

成功者的原創資料就是不一樣

拜訪客戶的移動清單

交通工具的轉乘和所需要的時間、車錢等事先製作一覽表，方便精算經費。

辦公機器的使用手冊

製作公司的辦公機器、電腦等的操作手冊，每當操作時就不會覺得如此麻煩。

喜歡的店家清單

餐廳、咖啡店和酒吧等店家清單，分為公事及私事用，並給予評價，再依照時、地、事分類使用。

消除壓力的清單

可以按摩、小睡片刻的店家資訊等，事先將這些可以恢復活力的地方的清單準備起來。

這附近有一家店，法國葡萄酒的種類很齊全。

這些原創的資訊一定要非常詳細，如果「一去才發現今天是公休日」就會變得沒有信用。

41 發音順序不一定是最好的分類方式

通訊錄的分類例舉

發音順序

ㄅ、ㄆ、ㄇ、ㄈ……

優點

輕鬆分類，自己跟別人都可以輕易了解。

缺點

如果是聯絡頻繁的人，像這樣混在一起就非常不合理，因為公司名稱、個人名稱和店家名稱等交雜，自然就很混亂。

項目別

客戶、相關企業、朋友、餐廳……

優點

項目別可以整理分類資料，如「要跟大學時代的朋友聯繫」、「找尋最近的飯店」時，都可以快速檢索，相對合理許多。

缺點

自己以外的人使用困難，如果項目分得太細，就會忘記分類到哪個項目。

記事本中的通訊錄，因為手機的普及，使用率比起從前已經大大降低了，但因為會有手機沒電或是忘記放在哪裡的時候，所以為了以備不時之需，可將必要的資料極精簡的記錄在記事本的通訊錄中，隨時可以帶著走。

因為是作為備份用，所以不需要記錄太多的資訊，公司名稱、電話號碼和窗口的名字就很足夠了，為了精簡，這樣的使用方式就好了。

還有，通訊錄的分類方式以注音符號順序為主流，但是以

以電腦的通訊錄為主

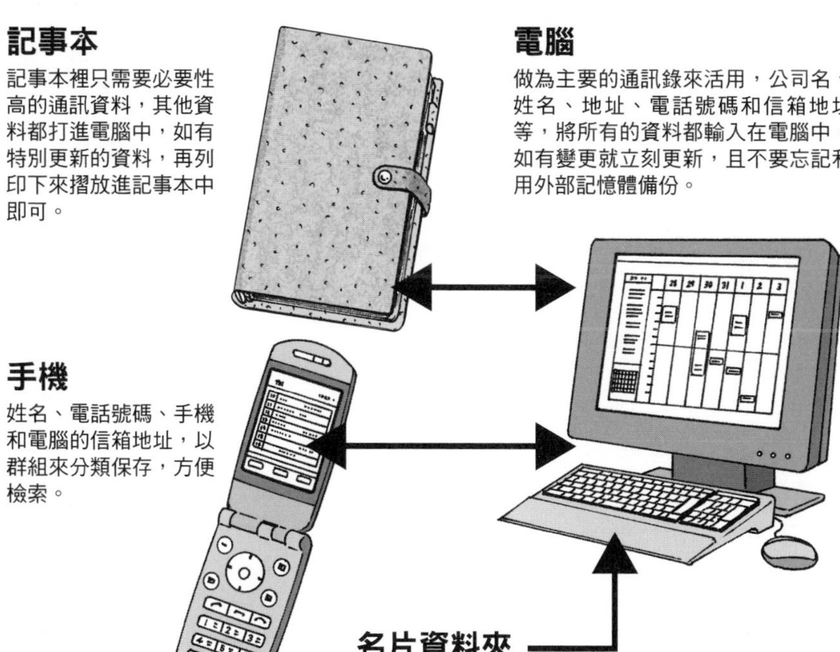

記事本
記事本裡只需要必要性高的通訊資料，其他資料都打進電腦中，如有特別更新的資料，再列印下來摺放進記事本中即可。
電腦
做為主要的通訊錄來活用，公司名、姓名、地址、電話號碼和信箱地址等，將所有的資料都輸入在電腦中，如有變更就立刻更新，且不要忘記利用外部記憶體備份。
手機
姓名、電話號碼、手機和電腦的信箱地址，以群組來分類保存，方便檢索。
名片資料夾
因為可以作為資料來源，所以非常重要。一收到資訊就立刻整理，依照自己的規則保管。

工作關係和朋友來區分也是很好的選擇。

另外，如果是活頁式記事本應該就沒有這個問題了，但是一年換一本的裝訂式記事本的通訊錄資料就得轉移，這時候，最好選擇通訊錄別冊這類的東西，比起每次更換記事本的時候就得替換通訊錄，可以省去轉抄的時間。

重要！

不要漏掉資料的更新方法

清單上的電話號碼和地址有所變更，或是名片上的職位和公司有所變更，如有這些情況都要立刻更新資料，不只是電腦，所有的工具都要將資料更改為最新的內容。

42 確認顧客資料讓業績提升

記事本的資料有助於工作

將合作的公司、個人資料收集到記事本中

附上索引就很便利

整理的時候為了方便查詢，附上索引是必要的，以合作次數作為順序和交涉階段附上ABC的連結分類。

對方的基本資料

將公司名、負責部門、負責窗口和職位、地址、電話號碼等基本資料的記錄空間設計在上方。

以時間記錄

基於筆記的記錄、先收集研討的內容，將對方的要求和期望等用醒目的框框標示起來，從雜談的內容，到對方的興趣和家庭組成等，都可以記起來。

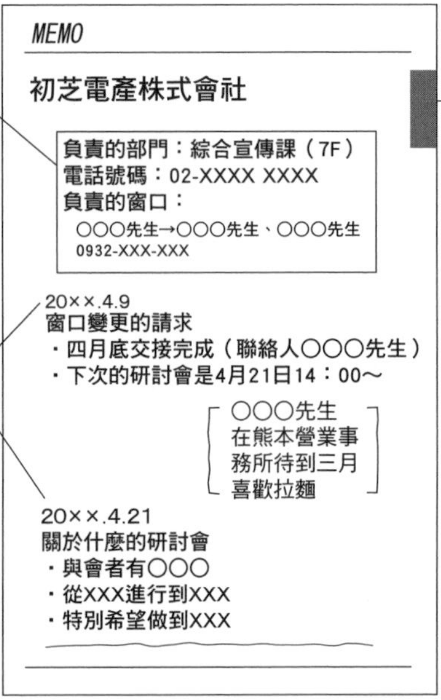

MEMO

初芝電產株式會社

負責的部門：綜合宣傳課（7F）
電話號碼：02-XXXX XXXX
負責的窗口：
○○○先生→○○○先生、○○○先生
0932-XXX-XXX

20××.4.9
窗口變更的請求
・四月底交接完成（聯絡人○○○先生）
・下次的研討會是4月21日14：00～

○○○先生
在熊本營業事務所待到三月
喜歡拉麵

20××.4.21
關於什麼的研討會
・與會者有○○○
・從XXX進行到XXX
・特別希望做到XXX

所謂業務的工作，是由個人跟個人的聯繫而構成的，雖然是公司和公司的交往，但如果窗口彼此間的關係不佳，合作起來也不會太順暢，所以將信賴關係的構築和發展累積到記事本中，而這些資料將會成為關鍵。

所以很多頂尖業務員和銷售業績持續力長的人，都有做詳細的資料管理。

記事本上除了記錄工作上的相關事項，從天氣到雜談的內容都可以寫在記事本上，這都會反應在工作上面，而且連

銀座媽媽桑是業務員的榜樣

高級俱樂部的接待者都記得每位客戶的事情，想必有非常詳細的資料管理、迎合客戶的各種話術和說服術等，值得見習之處還有很多。

不要看不起銀座的女人，來客的公司名稱、職位、生日，當然還有興趣跟喜好的飲料等資料，沒有不知道的。

到目前為止你來的時間、喝的東西和說話內容全都可以告訴你喔！

對方不小心說了什麼都不能放過，這樣的態度將會讓你步上成功的坦途。

記事本要常常更新最新的資料，討論的筆記也一樣，寫下整理過的資訊，而且越早整理越好，最好在會後的當日內完成，如果「等到有空再處理」，就會忘記細部事項，印象也會變得模糊，就難以看出對方的期望；研討會中無法施行的提案，也可藉由詳細的記錄，使事後回頭確認時可以想到其他想法。

雖然記事本上的資料越新越好，但有些資料存放一段時間後也是很好用地，所以平常就要累積記事本的資料。

43
將名片變成資料工具

盡快整理名片存放處

記事本是暫時的保留處

活頁式記事本的情況

可以加上活頁名片收納袋，在合作告一段落前還需隨身攜帶的時候，先放入這個收納袋中就很方便。

裝訂成冊記事本的使用情況

以迴紋針夾住，或是放在封面兩側的口袋中，但是這樣很容易掉落，所以一回到辦公室要立刻整理，將這些名片轉放到名片簿中。

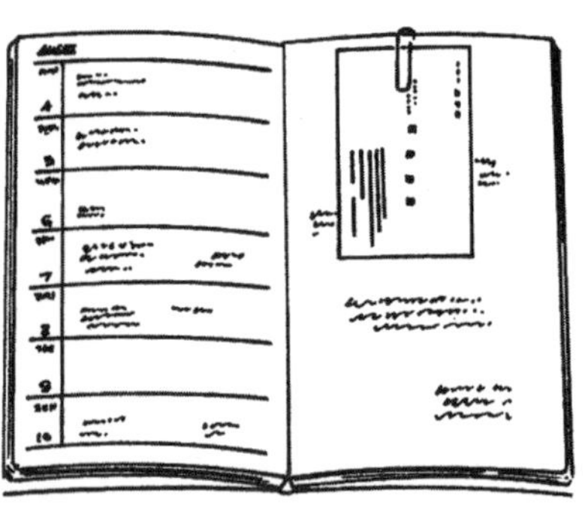

交換名片的時候，有過因為自己的名片不夠，而扼腕自己太失敗的狀況嗎？失誤的原因就是沒有將備份的名片預先放入記事本中。

另一個原因是，放名片的容器一直擺放著大量交換的名片，總之，這就表示了沒有好好整理交換來的名片。如果事先整理，就可以估算知道自己的名片也發出去了不少。

交換名片後就立刻整理，然後依照自己決定的規則保管。如果今後會時常聯繫，就要將必要的資料記錄在記事本的通

注意不要讓名片斷貨喔！除了名片夾、記事本、錢包、車票夾等，也可以事先將名片存放在這些地方。如果量很大，最好整盒放入公事包中。

1 在收到的名片上加入資料

將日期和對方給你的印象寫在名片上，之後回想就很方便。

2 按照規則保管

項目別、時間別等，依照自己決定的規則保管，利用辦公室的名片簿也可以，如果只是暫時保管，也可以存放在記事本中。

3 定期重新確認並整理

放入記事本帶來帶去的名片，等到工作告一段落的時候，需要重新確認並且將之轉移到名片簿當中，並且加以整理整頓。

訊錄，或是備忘頁。

有時候臨時要用名片，但沒有帶出來，這時候就可以事先將名片放入記事本中；此外，要將自己的名片跟收到的名片分開，這樣才不會誤將收到的名片拿去交換。

交換名片對第一次見面的客戶來說是非常重要的，所以希望不要出錯。

小心個人資料外流

不要的名片和那些影本，丟棄時即使是辦公室的垃圾桶，也不可以就這樣直接丟進去，請以碎紙機或是其他規定的銷毀方式，要注意這些動作以確保個人資料不被盜用。

工作做得好的人雜務也不馬虎

44 結算經費比誰都早一步結束

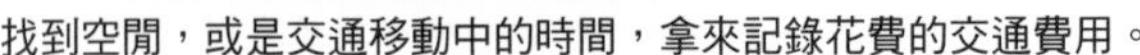
找到空閒，或是交通移動中的時間，拿來記錄花費的交通費用。

記入記事本的重點

今日事今日畢

業務結束前或是整理記事本的時候，將當天花費的交通費等各種經費都寫入，若能每天不斷的記錄，就能在結案期限前提出總開支。

收據上寫上備忘事項

為了不要之後感到混亂，一定要先紀錄下來為什麼會有這筆費用。

因為是雜務就將它堆到一旁，到頭來就會變成得在最忙碌的時候處理。

公司本來在月底就固定設有結案的日期，員工為了在期限前達到這個標準，於是來回提交報告書。結算經費也是結案期限內的工作之一，不要因為自己而拖延這些事項。

此處的祕訣就是活用每天使用的記事本，輕鬆地計算花費，因為會常常翻開記事本，所以這類的雜務也能在平常就事先處理好。

出差時候詳細記錄

出差的費用精算要比起平常做得更細，何種目的的費用支出，應事先記錄在收據上，並詳細的記錄交通費用，這樣一來，下次出差同事請教的時候就可以使用。不只是金額，還可以詳細的記錄交通方式跟感想。

移動

將飛機、高鐵等的時刻表，還有前後的班次表，以及末班車和末班機的時刻表記錄在記事本中，以便緊急變更時可以用。

用餐

吃過的食物、價格、店家氣氛、地點和交通方式都可以記錄下來，這些將會成為土產的話題或是閒聊時的來源。

有名的地點

如果有多出來的時間，連附近的觀光景點也都先記錄下來，但是因為不是公事，所以必須要自費前往。

土產

送給公司同事、客戶必買的東西，事先調查名產就會很輕鬆，同時記錄金額。

住宿

為了在公司規定的住宿費用內，事前確認公司常使用的飯店設施，然後再寫上幾個候補的電話號碼跟地址，就不用擔心得臨時出差了。

學習聰明的金錢觀

要事先了解的金錢話題

公司、商業的錢

股市、紅利和稅金等，新聞常常聽到，應該也知道，如果不了解金錢的動向，對於公司的動向也不會太清楚。

關於生活的錢

從房租、貸款、生活費開始，一定要知道還有醫療費跟婚喪喜慶等費用大概的標準，特別是關於婚喪喜慶的常識，若不知道就會出糗。

自己使用的錢

離自己最近的錢應該要先掌握，如果不能管理好預算，生活就會有破綻；如果有貸款和借款時，要確切掌握金額跟還款的期限。

工作上，在報章雜誌上看到的經營用語和金融知識，應該要弄懂它，遇到不明白或是新的單字，要養成抄在記事本上然後查明的習慣。

持續將這些東西記在記事本上就可以增加知識。

還有一個要注意的就是金錢的使用方式，一個人有沒有常識從花錢就可以看出來。

最可恥的是浪費錢卻還不自覺的人，所以如果連自己的錢包都無法掌握的話，更不用說經濟狀況了。

不在於金錢的多寡

記住每天大大小小的金額，從很細的項目到汽車或房子這類高價的項目，還有貸款餘額和儲金等，最好也都記在記事本上，但是要以別人無法一眼看穿的方式記錄。。

所以不管是使用家計簿或是個人記帳本都好，要養成記帳跟確認的習慣。

回禮也是很重要的事

別人請吃飯或是招待去小酌等，被邀請的人要將這些記在記事本中，不要忘記下次一定要回請。

不要覺得上司、下游廠商或是長輩請客是應該的，一定要養成自己的分自己付的習慣。

46

保持最佳狀態面對工作

健康管理是商業人士的常識

日本有句俗話：「沒有狀況就是名馬。」這句話是說不會受傷、生病、沒有狀況的馬，就是好馬的意思，商業人士也是如此。如果常常請假，不只是上司跟同事，就連客戶也會很困擾；並不是說不可以請假，而是要管理好健康，不要受傷生病。

此時就可以利用記事本管理每天的健康，對於當天的心情和身體狀況做簡單的紀錄，還有更積極的減肥日記跟血壓管理等，養成確認自己身體狀況的習慣。

請這樣記錄

身體狀況的紀錄

感冒、宿醉、頭痛等簡單的記錄就可以，病情也能因為小小的不舒服早點發現。

飲食的紀錄

飲食是健康的基本，確認有沒有偏食是非常重要的，尤其是大多外食的人更要注意。

體重的紀錄

設立減肥目標，記錄每天的體重跟一天內吃的東西，如知道熱量是多少，就比較容易修正，藉由記錄抑制吃太多、喝太多。

睡眠時間的紀錄

睡眠時間混亂將會影響身體，特別是精神壓力大就會影響到睡眠的狀況，這是很常見的，因此確認睡眠時間是否充足是非常重要的。

有精神的人工作才做得好

取得信賴

廣得周遭的人的信賴感是必要的，如：「交付給那傢伙吧！」所以有元氣跟精神是最基本的條件。

看得出全力以赴

因為失誤被罵的時候，不要卑屈的面對對方，而是要看著對方的眼睛道歉，所以體力和氣力是必要的，對於失誤，可以積極對應。

保持活力

抬頭挺胸，精神抖擻的工作姿態，讓周圍的人對你有好的印象，獲得有活力跟有朝氣的評價。

紀錄平常去的醫院和服用的藥物

到了三、四十歲，身體的各種不適症狀就會一一跑出來，所以要增加確認的項目，如血壓、尿酸值、血糖值、肝機能的檢查等指數。這時候記得在記事本上記錄平常去的醫院名稱、主治醫生、服用的藥物名稱等，因為要定期到醫院取得處方箋，如果到其他醫院或是突然不剛好時，就能當作重要訊息。

47

記事本上寫日記

為了鼓勵明天的自己

日記的重點

●以自己的速度來寫

●即使寫一行、一頁都好

不是說每天都非寫不可，而是依照自己的速度，以不致於造成負擔的量簡單記錄，養成習慣後就會自然地寫下去。

●寫下好的事情

●寫下失敗的事情

回頭看看記錄裡頭，「企劃案通過了」、「客戶很滿意」、「和喜歡的人約會」等好事，就能恢復元氣；另一方面談到失敗的事情，就要反省，並可以做為今後的處理方式。

也可以做為電影的觀後日記

我看電影的時候，會將在意的東西紀錄下來，這也是一種日記。除了電影，也包含看過的書和去過的餐廳等，因此，決定好題目然後寫下日記也很有趣。

記事本上應該寫上將來的夢想跟目標，並且保持熱情和遠大的目標。但是只看遠方就容易漏掉眼前的事務，為了自我反省，此處極力推薦在記事本上寫日記。

雖然反省很好，但是鼓勵也不錯。因為只要自己懂就好了，所以直接坦白的記錄心情也可以，如果工作失敗，也老實的寫在記事本上當作反省，下次不要再犯。

以日記為基礎的工作指南，可以將反省過後得到的想法，加到必做清單中。

稍微改變，記事本也會變得很有趣

配合使用者的目的，製作屬於自己個性的記事本，例如，給開車的人的開車記事本，或是給釣魚的人的釣魚記事本的資訊，比起日記本，記事本中集結滿滿的專門知識資訊，因此日記本可作為有趣的記事本或第二本記事本使用。

配合各種目的的記事本

開車記事本　釣魚記事本
天文記事本　高爾夫記事本
旅遊記事本　稅務記事本
風水記事本

比起日記本，在釣魚記事本中需要各種關於釣魚的資訊，如舊曆、季節性的魚、主要地區的潮汐、釣魚地點和住宿等，各種有用的資訊。

記下感動的詞句

記事本有時候可做為想起遺忘的初衷或是回復元氣的泉源，所以座右銘或是喜歡的字詞，也請記在記事本當中。還有，感人小說中的一段文字也好，漫畫中主角的對白也好，都沒有關係。每次看到這些字詞，就能鼓起精神跟勇氣，為明天加油。

長時間這樣下來，就可以客觀的看待自己，反覆閱讀一定可以得到東西。

不知道為什麼「跟上司的關係」、「跟下屬的關係」都不太好，也可以使用記事本立刻獲得改善！請見第148～151頁。

給你的禮物，這樣每天翻開記事本，就會想到我。
已經放上島先生的名字囉！

● 詢問周圍的人

「記事本哪裡來的呢？」

有七成回答「自己買的」，其他的回答有「公司提供的」、「男女朋友送的」等。

作為禮物的記事本，所要傳達的心情就像上面所示的漫畫。
請見第154頁。

Part 5

提高溝通力及邏輯力的筆記術

48 成功者對日子的堅持

店鋪重新開張、領車日等，有不少人選在大吉這樣的好日子。

農民曆常見專有名詞

・祭祀	・納採	・開市	・納財
・安葬	・入殮	・移柩	・起基
・嫁娶	・移徙	・訂盟	・赴任
・出行	・破土	・拆卸	・齋醮
・祈福	・解除	・立卷	・冠笄
・動土	・入宅	・交易	・安門
・安床	・修造	・求嗣	・修墳
・開光	・栽種	・上樑	・掛匾

記事本上月曆表的數字旁標有「宜祭祀、入宅」、「忌開光」等，這些是表示吉凶之日，有占卜的意味，民間經常參考使用。

通常嫁娶都會選好日子，守靈和喪葬儀式也有固定的日子。雖然年輕一輩大都不在意這些，但在商業的世界裡，卻意外地有不少人在乎，如重要的簽約日和企劃發表通常會選擇大吉之日。

不要認為這是迷信，挑選好日子一方面也是要告訴對方，「主要是考慮到您（貴）

在紀念日傳達心意

簽訂某某契約之日

打電話的時候或見面的時候，自然地傳達感謝之意，抱持著希望今後可以繼續合作的心情也是很重要的。

部下的生日

感謝平日的辛勞，身為上司參加派對和餐敘會讓員工不自在，給予部分贊助才是比較聰明的做法。

往來客戶的創業日

依據往來的程度考慮紅包及贈禮，如十周年、二十周年等周年紀念日的派對和活動之時，提出可以給予協助也是不錯的方法。

晉升紀念日

弄清楚是盛大還是低調的慶祝是很重要的，雖然是晉陞但不代表就是好事，所以要弄清楚狀況，收集好資訊不要失誤。

送禮不是主要的目的

最重要的是傳達「一直都有在關心」的心意，太貴重的禮物反倒會造成對方的壓力，所以請考慮對方的立場。

社」，這樣一來雙方都開心，就不會有不好的氣氛。

還有很在意紀念日的，如生日、簽約日、晉升日等，將這些紀念日寫在記事本上，就會變成手裡的牌，但嚴禁經常使用；不經意地使用在關鍵場合，或是反之用在沒什麼重要事項的時候，便能展現其效果。

對方如果覺得「這個人對自己的事情如此了解」應該會感到相當感激，像這樣小小的關心，可能會在某天的重要工作上發酵。

49 自我推銷的準備

從記事本搜尋推銷的重點

業務內容的變遷

整理歷年來做過什麼工作，例如因為人事異動更換部門的經驗和工作內容、轉行經驗，整理以往處理過的工作事項。

學習的變遷

整理從學校畢業之後，取得什麼樣的資格、學習過的語言、為了志向所學習的事項或是目前所學的東西等。

興趣的變遷

透過興趣，能有更多深入交流的機會，如電影、葡萄酒、高爾夫等都可以，試著舉出自己喜歡或熱中的事務。

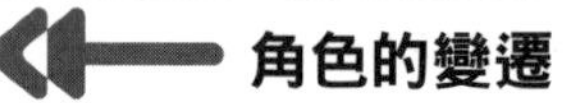

角色的變遷

在公司擔任過的職位及企劃過的案子的負責人等，還包含婚姻及身為父親等角色。

說到自我推銷，很多人就想到應徵工作的時候，為了錄取，抱著豁出去的心情推銷自己。現在想起來，這麼誇張的事也說得出口，還真有點不好意思。

但是，如果當時沒有好好自我推銷，就不會有現在的工作，所以為了自己的將來，還是要自我推銷。

開始工作就要能夠推銷公司，如果做不到就無法勝任。但是很多人在面試時的自我推銷的階段就沒被錄取。

但是，這樣是不行的，連

讓對方了解自己的傳達重點

推薦經驗談

比起典型的自我介紹，相互的經驗談更能讓人印象深刻，昨天辦過這樣的活動、上週到哪裡等，從這類話題中營造出自己是個什麼樣的人。

談過去不如談現在、未來

經驗談也不錯，但只聊過去，不如談談「現在的情況」，就算是聊過往也要緊繫著現在和未來，因為現在在做的事情跟今後的目標和計畫也是重要的自我推銷。

我是這次被派到新初芝總公司製作課的島耕作。
請多多指教。

平常的肢體語言也是自我行銷的一環，注意不要讓對方有不愉快的印象。

自己的事情都無法順利推銷出去，以後又怎麼向別人推銷工作上的事情？因為對方希望能夠了解自己想傳達的事，如果無法好好地回答，就會讓人感到不安。

最好能事先預想問題並準備答案，這時候翻開記事本，從中找出工作、興趣、資格等，整理出可作為自我推銷的重點；如果可以收集時事，作為自我推銷的資料，就會顯得更優秀。

這些資料的累積，對於將來創業、轉職等都是很有用的。

50 記錄公司的股價指數

不了解公司沿革、目標、商品資料就贏不了人

要記得的公司資料

公司的歷史

創辦年份、創辦人的名字、社長的名字等，還有公司的標語也很重要。同時，也要正確的掌握資本額、事業內容和經營狀況。

商品資料

從公司的基本商品開始，如新產品、暢銷商品等，彙整主要的商品資料。

股價指數

彙整最新的資訊，如業務合作、新開發的事業、先端科技等，但是僅限已經發表果的事情。

在公司閒聊的話題，也是有許多微妙之處，不要不小心說出公司以外的祕密話題。

身為公司的一員，擁有與自己公司相關的所有知識是理所當然的。例如，即使是管轄範圍以外的工作，要是經由往來的客戶處才得知公司要成立新事業，遇到這樣的情況實在是很沒面子。

請不要覺得是新進員工就可以不用了解，這跟身為一般員工或課長沒有關係，工作上遇到的人會認定你就是公司的代表。所以要有這樣的覺悟，認真學習留意公司的事情，在記事本上彙整公司的股價指數，做好任何時候都能正確回答的

以社長的觀點來思考

即使是一般的員工，對於公司的展望及方針，也要擁有自己的觀點，如果養成以經營者的角度思考的習慣，工作上的姿態自然能夠提升。

經營方針

業界的位置

今後的目標

或許就會有「那傢伙很有前途」的聲音

準備。

參考有關公司的新進員工公司介紹工作手冊和給大眾用的資料，以一般人也可以了解的方式記錄下來，然後在公司的方針旁加上自己的意見，若是能夠以此發言，就可以超越別人。

COLUMN

公司提供的記事本

公司提供的記事本，即使不好用也不要丟掉吧！

當然，要使用哪一本記事本都可以，但是請留意公司提供的記事本，之所以提供記事本，應該是標有身為公司員工應該知道的事情和重要資料，即使使用其他記事本，也應該要將資料移過來。

51 豐富話題的記事本法則

雜談資料三法則

在意的事情MEMO起來

將雜誌和電視上看到的、聽到的資訊，連同出處立刻記錄下來，為了不要引用錯誤資訊，引用前最好事先確認。

整理

先以種類分類就能豐富話題，不足的類別也能夠進行補足的動作，如運動、新聞、美食等。廣泛收集整理，使用索引更便利。

保持資訊的新鮮度

為避免將舊資訊或是大家都知道的資訊得意的引用，要常重新審視資訊記事本，舊的資料就以線槓掉。

聽話也很重要

一直提出新話題並不表示擁有話題力，好好聽對方說話也是很重要的，聽到有趣的話題，也不要忘記記錄到記事本中。

能夠好好談論工作的事情是很好的，但是只是如此也不行，有的人談完正事後，便突然不知道還能聊些什麼，好不容易順利談完公事，這時變得很尷尬，且喝酒的時候只談論公事，不免讓人覺得掃興，這樣也不太好。

收集閒聊的資料是很重要的，可作為工作和人際關係的潤滑劑，昨日今日熱門的雜學話題，或是收集電視和雜誌的資訊等，將其記在記事本的MEMO欄上，就可以拿來用。

廣集話題

運動

以棒球、足球、高爾夫等作為閒聊的資訊寶庫，但是，請留意每個人都有支持的球隊，談及喜好可能會造成爭論。

書

不只是商業書，暢銷的文藝作品等也要掌握，舉出自己所推薦的作家也不錯，但漫畫資訊就有年齡上的接受度問題。

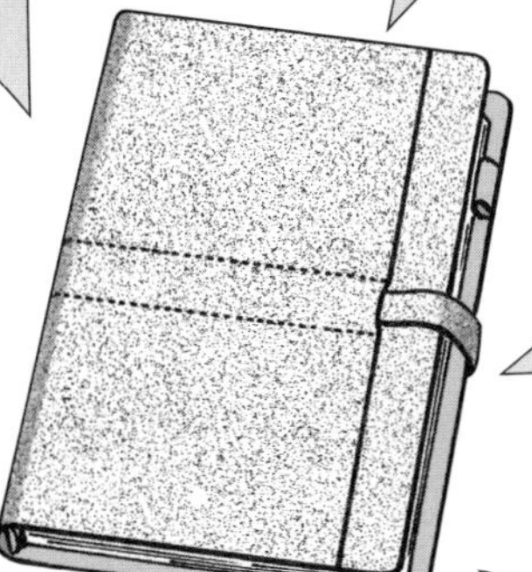

消遣

電影、舞台劇、電視和藝術家等的話題很少會有冷場的，且資訊也很豐富，配合上司和客戶等對象的喜好收集資訊。。

瑣事

因為電視介紹覺得有趣的東西，或是從不同業種的朋友請教來的業界資訊，就能得到其業種才知道的有趣資訊。

新聞

獨特或動物的資訊是最安全的，但政治和經濟因為各有愛好者，所以最好不要提太多，但是如果是提供最新消息的話就沒關係，會讓人有資訊收集快速的感覺。

自己的話題

有關自己興趣、寵物、或有趣的糗事等話題都能博取好印象，但是千萬不要有太過自滿或展現高價的東西。

一早確認記事本，提升好感度

傍晚有○○約會，穿著明亮的西裝比較好吧！

搭配時地事的服裝術

時間	選擇配合季節的西裝素材及顏色，不要忘了看當天的天氣。
地點	有要外出的狀況，請穿著適合的服裝，不只是西裝，連同襯衫的顏色、領帶的花紋和鞋子都要留意。
場合	重要的客戶、研討會和會議等特別重要的時刻，要選擇給人的印象比平常正式的穿著。

雖然常說不能以外觀斷定一個人，但是對於完美的商業人士，第一印象卻是很重要的，讓人覺得是位「成功者」，所以整頓外型是很重要的，為此在記事本上列出完美的搭配清單是必要的。

首先，早上一起來，出門前務必確認記事本，確認當天預定的事項，如有重要的座談會，不要猶豫選擇幸運的服裝，這種迷信是有很有效的。選擇喜歡的西裝、領帶和襪子，如果晚上有約會就事先準備更換的領帶。

外出前的確認重點

男性的情況

西裝
為了便利，準備數套適合自己體型同款式、不同顏色的西裝。

襯衫
購買白色沒有花紋、直條紋、有顏色等的襯衫，符合時、地、事的選擇；可放一件白色沒有花紋的襯衫在公司。

領帶
配合襯衫和西裝，且符合時地事的領帶，注意不要有皺摺及污漬。

鞋子
黑色及茶色等，容易搭配的顏色準備個三到四雙，但要養成出門前擦亮的習慣。

頭髮
清潔感第一，睡醒時一頭亂髮或有頭皮屑都是不行的。

鬍鬚
將鬍鬚剃乾淨，如要蓄鬍就要整理整潔。

女性的情況
適合自己的服裝及妝感，沒必要一味的追求流行，清潔感是最重要的，高價的寶石不適合工作場合，但有些飾品類在某種程度下是不會造成工作的困擾。

COLUMN

模仿崇拜之人的服裝

不適合穿西裝的人，或是如同孩子穿大人衣服的人，比起參考流行雜誌，不如觀察周圍的人。

在公司或客戶那邊，也有穿著好看西裝的人，試著模仿，並且稱讚對方「這條領帶很好看」也是很好的會話機會。

對於再次拜訪吹毛求疵的人，不要穿到同樣的西裝；把這些都記在記事本上，即使是吹毛求疵的人，也能提升對自己的印象。

53 製作智囊團清單

「提問是一時之恥，不問是一生之恥」

提升各領域中可以請託的人的清單

當然要有和自己差不多的人，但也要有很了解其他業種或完全不同世界的事情的人，這是很重要的，如此就能得到更寬廣更深厚的知識。

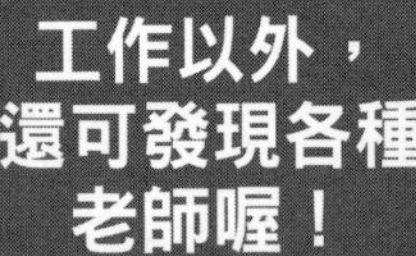

例如

對於暖場很在行的人
很了解電腦的人
很懂禮儀的人
對餐廳很有研究的人
對交通事項很有研究的人
很了解汽車的人
腦筋很好的人
對料理很在行的人

不知道並不可恥，不想知道才應該覺得丟臉。不管是誰，如果沒有學過、沒有經驗當然不知道，但是要有向知道的人學習的態度。

當然，可以以自己的力量學習，但是如果向知識豐富的人請教，不只是知識，還能擴展人際關係，可以獲得更寬廣的知識。所以困惑的時候，開拓可以給予協助的智囊團，絕對不會是壞事。

一邊查看名片夾、朋友及前輩的通訊錄，一邊在記事本上列出自己的智囊團清單。

萬事拜託了！

對談時要注意三個重點

- 不要失禮
- 不要造成對方的負擔
- GIVE & TAKE

千萬不可以忘記給我們指教及協助的人。對指教或關照過我們的人，一定要回以謝禮。如果是很花時間，才能幫忙找到的參考資料，就要注意不要造成對方的負擔；如果換成自己被詢問，也要有誠意的回答。

放出消息並寫下想要見的人的名字

無論是公事或私事都好，如果有想要見面的人，建議在記事本上寫上名字，然後將「想要跟○○○碰面」經常掛在嘴邊。

這麼一來，可能在什麼地方什麼人會接收到此電波，偶然或必然地見到面，這就是以人呼叫人的方法。

然後，與人交往要由淺入深，當然，在請託的時候一定要有禮貌。

54 記事本上的贈答清單

像這樣事先寫下來

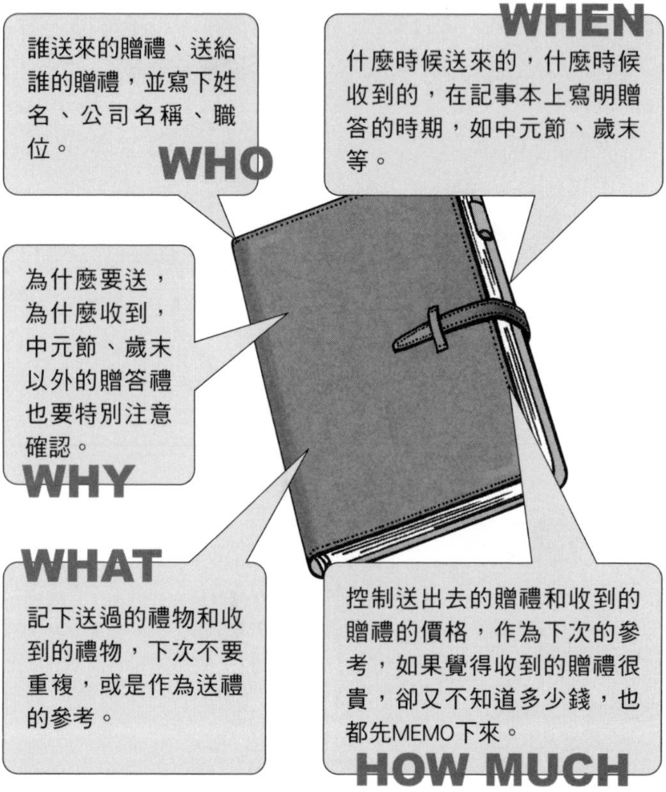

WHO
誰送來的贈禮、送給誰的贈禮，並寫下姓名、公司名稱、職位。

WHEN
什麼時候送來的，什麼時候收到的，在記事本上寫明贈答的時期，如中元節、歲末等。

WHY
為什麼要送，為什麼收到，中元節、歲末以外的贈答禮也要特別注意確認。

WHAT
記下送過的禮物和收到的禮物，下次不要重複，或是作為送禮的參考。

HOW MUCH
控制送出去的贈禮和收到的贈禮的價格，作為下次的參考，如果覺得收到的贈禮很貴，卻又不知道多少錢，也都先MEMO下來。

工作關係上的贈答禮，一般來說是不夠的，還要加上常識跟禮貌，商業常識也是必要的，如中元節、歲末和晉升祝賀等，本來是為了保持良好的人際關係，但因為不擅長送禮而造成致命的失敗。

為了預防失敗，建議在記事本內加上贈答清單，送過的東西和別人送的東西分開記錄，這樣就能事先預覽作為下次的參考。

如果是用電腦裡的通訊錄，直接在裡面加上贈答清單就不會遺漏了，而且非常便利，若

查詢喜好

以為對方喜歡，卻送了對方最討厭的禮物，如果對方是個難搞的人就會故意刁難，所以了解對方喜好是很重要的。

是地址和職位有變更，也要進行修正，養成經常確認的好習慣。

不可忘了感謝跟禮物，且儘早回禮

工作上請託過誰或是給誰添麻煩，往後會留下不好的評價，或是矮人家一截。有事情要忙著處理的話，就先打一通致謝的電話，總比什麼都沒有好。也可以先寄張謝卡（詳情請見第87頁），如有拜訪的機會，送上小小的伴手禮更好。

一點點小小的心意就能保有良好的人際關係。

55 應付客訴的強力夥伴

如接到客戶諮詢和客訴

1 仔細聆聽

處理客訴的第一步，仔細聆聽對方所主張的重點，不明白的部分就再次詢問，並聽其說明，此時千萬不要以曖昧作為解決對策。

2 將內容記錄在記事本中

將對方的意見依循5W2H的方式盡可能簡潔的記錄下來，將誰、什麼事、到什麼時候、該怎麼處理等，好好的記錄下來。

3 報告

以此記錄跟上司報告，並取得指示，但千萬不要為了規避自己的失誤，說謊或隱匿事情，否則上司將無法提出正確的指示。

4 立刻對應

以上司的指示做為基準，立即對應，不要拖延，應以最優先事項處理，如果無法一個人完成，請務必請求協助。

因為自己的失誤或不熟練惹惱客戶或招來客訴，此時的應對進退是非常重要的。

尤其在規避責任或說明理由之前，首先應該做的就是翻開記事本，除了仔細聆聽對方的意見之外，還要記錄下來，確實掌握實際情況。

對方提出的建議或是自己回覆的內容，無論大小都不要遺漏，全記錄到記事本中，日後遇到這種情況，就知道「這時候該怎麼回應」、「不該說什麼」等。

如果自己可以判斷處理，誠

記錄失敗經驗，資訊共享

記錄失敗的經驗和對應的方法

將發生失誤的原因、那時候的狀況、對應的策略、結果集結至記事本中，今後就能以此為基準，思考同樣麻煩再次發生的防範對策。

因為變成XXXX的情況，所以造成XXXX。以上是這次的客訴概要。

與同事分享失敗經驗

站在公司的立場，不希望同樣的失誤重複發生，應該跟全員分享失誤經驗；身為員工，雖然是跟自己沒有關係的事情，也要在記事本上做記錄。

心致歉後就立刻作業。

如果需要上司指示，就根據筆記的記錄，向上司報告事情的經過，然後接受上司的指示，並記錄起來以此作為對應處理的方式。

依據情況，也必須將應該做的事情，分別寫在行程表跟應做清單中。

如果留有詳盡的失敗紀錄和處理方法，下次有類似的情況發生就可以此作為參考，還能做為防範的教戰手冊。

這些累積下來的記錄可是非常寶貴的資產。

56 將上司的指示記錄在記事本中

終結失憶

動作前預想上司的想法和行動

將指示全部記在記事本上

收到指令、談話的內容等，全記錄下來，不要聽錯或弄錯上司的意思，仔細聆聽就能獲得賞識。

記錄上司的想法跟行動

意識到上司思考事情的方式、工作進行的方式、作業模式等，並記錄在記事本上。

只要弄清楚上司的好惡，就能讓工作順利的進行。

詳細報告、聯絡、協商

以記事本輕易的讓對方知道現在的工作情況，然後研討問題處跟需確認之處，重點是在被詢問之前，即早進行。

現實世界裡要遇到值得信任交付工作的部下，或是只在必要時刻給予建議的上司，是可遇不可求的。

動不動就更改工作上的指示，或是一想到什麼就向部下提案的上司。若是和這類上司共事，必須要有自我防衛的手段，使用記事本就是防衛方式之一。

首先，要是上司召見，匆忙之際也不要忘了帶著記事本，光明正大的在上司面前確認行程，並逐一記錄上司的指示，因為這樣會讓上司認為你有把

有時候是自己的原因

原本，困擾的上司之所以會有此行動，或許是因為自己，例如因為部下的態度令他感到不安，所以「又再覆誦一次」、「將當初設定的截止期限提早」等。

上司心中真正的想法是什麼？

「真的知道嗎？」

「沒有誤會吧？」

「有沒有聽進去啊？」

如同右頁的記事本使用方式，不僅讓上司安心，還能博取信賴，非常的好用。

話聽進去，提高對你的評價。

此外，如果上司日後給予的指示有所矛盾，就能輕易提出，一邊翻開記事本，一邊回覆上司「好像跟原來不一樣」，如此就能減少臨時變更指示的煩惱。還有，時常保持這樣的姿態，也很適合用來記住工作事項，如果有此般的實力，就能獲得上司的好評。

另外，即便面對部屬也可以利用這個方式管理，讓彼此工作更能順利進行。

57

部下的預定事項也要記錄在記事本上

不適任的下屬是上司的責任

把握下屬的某個部分

工作的預定及進行狀況

身為上司必須掌握的是經常確認進度、追蹤的必要性，都是作為發落及分派的判斷，如果不知道下屬在做什麼，就是管理能力有問題。

問題點、改善點

在工作上，有覺得需要改善比較好的時候，就整理到記事本上，為了具體說明怎樣比較好，有什麼樣的問題點應該要好好掌握。

生活方式

對於下屬的生活沒有必要太深入，如果知道他們有學習的事務和座談等的生活方式。對於下屬的私人活動，可以關心但不要去打擾。

興趣的關心和性格

根據部屬對於工作的興趣及關心，就可以將工作做有效的分配，若能掌握性格和思考的方式，就能知道切入的重點且以對方可接受的方式說明。

有令人困擾的上司就有令人困擾的下屬，所以部下表現不佳，上司也有責任，雖然很辛苦，但管理部下是組織中很重要的工作。

這邊教各位以記事本協助管理部下，在自己的行程表上記錄下屬的預定作業事項和工作情況，如果不能有效掌握預定事項和行動，就難以確實給予指示，也會妨礙整個工作的進行。

例如，利用開會的時候，告知下屬單週的預定工作，並記錄下來，之後如期進行，並回

了解狀況才能具體指示

提出具體的指示

具體了解下屬的狀況，就能明確的指示設定期限和目標數值、問題點、改善的地方等。

到下次之前，希望你可以增加兩成的營業件數。

再努力一點！
請再加把勁！

不要給予曖昧的指示

如果不了解下屬的狀況，就會提出要下屬有幹勁、動作快點、要更加油等曖昧的指示。

報狀況，還能確認工作內容。如無法如期完成時，在來不及之前，聆聽說明並給予指示。一邊追蹤管理，一邊讓他意識到上司的目光，促使下屬產生自覺。

家庭的預定事項也要事先掌握

因為工作忙碌，經常不在，不知道家人在哪裡做什麼，發生什麼事情等。如果遇上大地震或事故該怎麼辦呢？雖然不一定是這麼嚴重的事情，但請不要對家裡的事情毫不關心。

所以請了解小孩補習的日子、或妻子出門工作的時間等。

58 團體內共有的行程

工作是無法一個人完成的

將預定事項共享，就會有這樣的效果

強化團隊作業

由於掌握彼此的預定事項和進行狀態，溝通變得密集。

減少時間的浪費

由於資訊共有，就可減少重覆處理等時間的浪費，還能提高工作效率。

提升速度

事先知道預定的事項，會議和研討會的行程就能快速的被安排。

共享方法的進化

寫在白板上，只知道現在的狀況是在還是不在；詢問同事的預定事項並記錄下來，雖然可以掌握工作的狀態和預定事項，但是很麻煩，且途中中止或變更都無法立即應變。

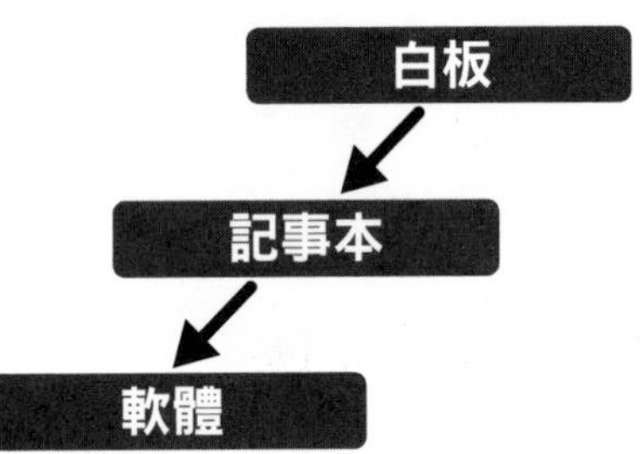

今天要請上司蓋章，但長時間的會議無法回座位，造成預定上的困擾。

即使同在一家公司內，如果不知道彼此的預定行程，就會造成這種時間浪費。特別是很多時候上司掌握了下屬的預定行程，下屬卻不知道上司的預定行程，這樣就無法減少時間的浪費。

為了改善這種狀況，記事本的行程表中，除了自己還要簡單記錄其他人的預定行程。但是，這樣一件件地問實在很費事，資訊量也很少，緊急變更

「群體軟體」是什麼？

群體軟體就是利用公司內部連結，為了以電腦管理共用資訊的軟體。擁有各種機能，到目前為止有白板和留言功能，內線電話也能在電腦上進行。
除了管理自己的預定行程跟行動管理，還能閱覽團隊內的預定行程，如更改預定事項，便會自動更新電腦上所有的資訊，由於資訊速度化、共有化，可作為支援社員們的作業工具。

拜訪客戶的預定行程也要確認

例如，同事預計下週要跟A公司的B先生碰面，但是那天聽說B先生要出差，如果沒有立刻與同事確認，就可能白跑一趟。
像這樣的外部資訊也務必寫在記事本上，且不要忘記提供給同事，如果沒有這份細心，再好的資訊網也沒有用。

主要的功能

行程表的功能
管理個人、團隊的行程表，務必檢視團隊內工作夥伴的預定行程。

留言MEMO功能
可以留話給外出中，或離開座位的人。

公佈欄功能
可以將情報一次告知團隊內很多人，也可以利用這個公佈欄功能作雙向的溝通的工具。

預約設備的功能
可以作為會議室、投影機等公用設備的預約管理。

其他還有管理機能、線上會議室、打卡等各式各樣的功能。

等就無法對應了。
這時可以利用近年普及的「群體軟體」來管理行程。
使用電腦就能管理部門或團隊共同的資料，上司和下屬可以相互閱覽行程表。
如果事先知道預定行程的時間，就能快速決定會議的時間，非常便利。如果可以使用留言功能或公告欄，簡單的討論就不用特地約時間開會。
雖然不能說這樣就萬事OK，但是有效利用行程管理的確可以提升戰鬥力。

59 記事本禮物

贈送記事本會有以下的效果

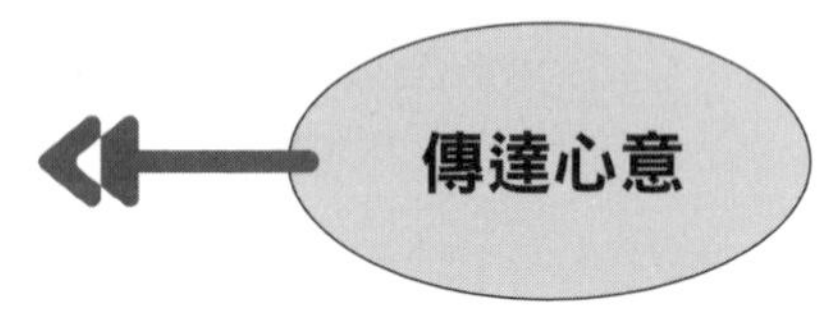

每天都會用到的記事本，雖然只是一般日用品，但卻是對方的貼身工具。以此為禮物，能夠完整的傳遞自己的心意。

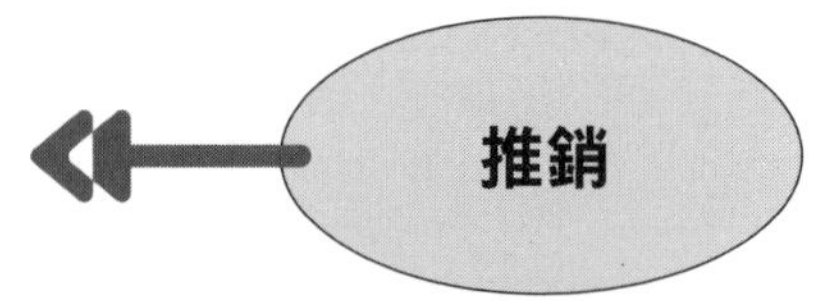

企業贈送的記事本，對於員工有傳遞方針，且讓社員擁有一體感的工具；對於客戶能夠推銷企業和商品。

如果對方已經有愛用的記事本

贈送記事本的時候，要事先確認對方是否有經常使用的記事本，若已經有愛用的記事本，可贈送有趣的記事本（請參照第129頁）作為非主要的記事本，或是以搭配記事本的高級原子筆作為禮物。

一到年底，就可以看到以記事本和家計簿作為贈品的雜誌和企業，發給客戶的記事本上還印上公司的名稱。

像這樣將記事本作為附錄和贈品是有很重要的理由。首先，一整年放在手邊使用的話，每天都會看到，這對於雜誌和企業是有效的宣傳。

即使是自己也可以有這樣的想法，將記事本送給某人的行為，讓對方每次使用就能想到自己，戀人、家人都用同樣的記事本，感覺彼此牽繫著。

或是，送給朋友們或同事，

沒想到記事本上竟然刻有自己的名字。
謝謝！
一定會好好的使用。

皮革的記事本提供有刻字的服務，推薦作為戀人或平常關照我們的人的贈禮。人們對於刻上自己名字的東西愛不釋手，可以用很久，所以製作印有自己名字的記事本也不錯。

配合個人的使用方式，相互請教，還能提高記事本的機能。

送給下屬和自己相同的記事本也是一種方式，可提高同職場的夥伴意識，傳授使用方式時，也許連工作方法也一起傳授了。

如果是送給關照我們的人，還可以在記事本上刻上對方的姓名當作禮物，既具有獨特性，又充滿高級感，對方應該會很高興收到這樣的禮物。

像這樣以記事本作為禮物的話，能夠包含非常多的含意。

後記

為了做自己想做的事情，理解如何有效運用「時間」是必要的。我也是在工作後，為了確保可以一邊喝著自己喜歡的酒、一邊看著電影的幸福時刻，所以必定確認該處理的工作都能確實進行。

因此，要設定一個目標時間，確認現在手中的作業何時要結束。有了目標時間的意識，只要一想到「會來不及」，自然會提早作業。

記事本的好處，不僅是為了確保自己的時間，也是為了讓不知道從何下手的工作，能夠順利的進行。

PART3一開頭介紹的「在待辦事項中附註順序」，對於工作是非常重要的動作，尤其是承擔很多的工作，還有家事和育兒時。如果附上優先順序，就能夠清清楚楚，並且知道首先應該處理什麼。

即使是眼前之外的事項，或是接下來要處理的事情、私人的約定等，各式各樣的預定事項，都應思考自己所有的預定事項，並且檢討是否趕得及，在什麼時間之前要完成什麼。

不習慣利用時間，或許就會覺得很困難。即便確實排好預定事項，也會突然被其他事情打斷，或是因為急件而變更，並且屢屢發生。即使這樣也不要放棄，有了幾次經驗後，就能學到屬於自己的安排方式。

我現在所掌握的工作節奏，也是經年累月的經驗累積下來的，在試行錯誤中，漸漸學習記事本的使用。以我現在的境況，已經可以自由的決定自己的行動，同時一定會確切的看準現況和未來，然後再決定預定的項目。

當前這個時代，能工作到法定退休年齡，利用退休金和國民年金從容度過餘生，已經變得不容易了，所以目前仍在職場的人應該都面臨同樣的情況。

本書如果可以協助各位成為為了「自己的人生要活出自己的樣子」，而來管理時間的人，我將由衷感到欣慰。

弘兼憲史

國家圖書館出版品預行編目資料

弘兼憲史教你活用記事本 / 弘兼憲史著；朱信如譯. —— 初版. —— 臺北市：商周, 城邦文化, 2009. 11
面； 公分.——（新商叢；0333）
譯自：知識ゼロからの手帳術
ISBN 978-986-6369-66-7(平裝)
1. 事務管理 2. 工作效率 3. 時間管理 4. 筆記法

494.4　　98017951

新商業周刊叢書　BW0666

弘兼憲史教你活用記事本

原出版者／幻冬舍
原 著 者／弘兼憲史
譯　　者／朱信如
企劃選書／王筱玲
責任編輯／王筱玲、張毓倫、劉芸
版　　權／翁靜如
總 編 輯／陳美靜
校對編輯／張毓倫
行銷業務／林秀津、周佑潔、莊英傑、何學文
總 經 理／彭之琬

發 行 人／何飛鵬
法律顧問／台英國際商務法律事務所 羅明通律師
出　　版／商周出版
臺北市中山區民生東路二段141號9樓
電話：(02) 2500-7008　傳真：(02) 2500-7759
商周部落格：http://bwp25007008.pixnet.net/blog
E-mail：bwp.service@cite.com.tw
發　　行／英屬蓋曼群島商家庭傳媒股份有限公司　城邦分公司
臺北市中山區民生東路二段141號2樓
讀者服務專線：0800-020-299　24小時傳真服務：02-2517-0999
讀者服務信箱E-mail：cs@cite.com.tw
劃撥帳號：19833503　戶名：英屬蓋曼群島商家庭傳媒股份有限公司城邦分公司
訂購服務／書虫股份有限公司客服專線：(02)2500-7718；2500-7719
服務時間：週一至週五上午09:30-12:00；下午13:30-17:00
24小時傳真專線：(02)2500-1990；2500-1991
劃撥帳號：19863813　戶名：書虫股份有限公司
E-mail：service@readingclub.com.tw
香港發行所／城邦(香港)出版集團有限公司
香港灣仔駱克道193號東超商業中心1樓
電話：852-2508 6231 傳真：852-2578 9337
E-mail：hkcite@biznetvigator.com
馬新發行所／城邦(馬新)出版集團
Cite (M) Sdn. Bhd.
41, Jalan Radin Anum, Bandar Baru Sri Petaling, 57000 Kuala Lumpur, Malaysia.
電話：(603) 9057-8822　傳真：(603) 9057-6622　E-mail: cite@cite.com.my

內文排版&封面設計／因陀羅
印　　刷／鴻霖印刷傳媒股份有限公司
總 經 銷／聯合發行股份有限公司　電話：(02)2917-8022　傳真：(02)2911-0053
地址：新北市231新店區寶橋路235巷6弄6號2樓

■2009年11月3日初版
■2018年3月8日二版1刷
Printed in Taiwan
Chishiki Zero kara no Techoujutsu

定價260元

ISBN 978-986-6369-66-7